刘宇洋　毛

U0501065

视频编码率失真优化技术及应用

Rate-Distortion Optimization in Video Coding

电子科技大学出版社

University of Electronic Science and Technology of China Press

· 成都 ·

图书在版编目(CIP)数据

视频编码率失真优化技术及应用／刘宇洋，毛敏，

朱策著. --成都：成都电子科大出版社，2025. 4.

ISBN 978-7-5770-1244-5

Ⅰ. TN762

中国国家版本馆 CIP 数据核字第 202405WJ56 号

视频编码率失真优化技术及应用

SHIPIN BIANMA LÜSHIZHEN YOUHUA JISHU JI YINGYONG

刘宇洋　毛　敏　朱　策　著

出 品 人　田　江

策划统筹　杜　倩

策划编辑　谢晓辉

责任编辑　黄杨杨　谢晓辉

责任设计　李　倩

责任校对　汤云辉

责任印制　梁　硕

出版发行　电子科技大学出版社

　　　　　成都市一环路东一段 159 号电子信息产业大厦九楼　邮编　610051

主　　页　www. uestcp. com. cn

服务电话　028-83203399

邮购电话　028-83201495

印　　刷　成都久之印刷有限公司

成品尺寸　170mm×240mm

印　　张　11. 25

字　　数　175 千字

版　　次　2025 年 4 月第 1 版

印　　次　2025 年 4 月第 1 次印刷

书　　号　ISBN 978-7-5770-1244-5

定　　价　73. 00 元

序

FOREWORD

当前，我们正置身于一个前所未有的变革时代，新一轮科技革命和产业变革深入发展，科技的迅猛发展如同破晓的曙光，照亮了人类前行的道路。科技创新已经成为国际战略博弈的主要战场。习近平总书记深刻指出："加快实现高水平科技自立自强，是推动高质量发展的必由之路。"这一重要论断，不仅为我国科技事业发展指明了方向，也激励着每一位科技工作者勇攀高峰、不断前行。

博士研究生教育是国民教育的最高层次，在人才培养和科学研究中发挥着举足轻重的作用，是国家科技创新体系的重要支撑。博士研究生是学科建设和发展的生力军，他们通过深入研究和探索，不断推动学科理论和技术进步。博士论文则是博士学术水平的重要标志性成果，反映了博士研究生的培养水平，具有显著的创新性和前沿性。

由电子科技大学出版社推出的"博士论丛"图书，汇集多学科精英之作，其中《基于时间反演电磁成像的无源互调源定位方法研究》等28篇佳作荣获中国电子学会、中国光学工程学会、中国仪器仪表学会等国家级学会以及电子科技大学的优秀博士论文的殊誉。这些著作理论创新与实践突破并重，微观探秘与宏观解析交织，不仅拓宽了认知边界，也为相关科学技术难题提供了新解。"博士论丛"的出版必将促进优秀学术成果的传播与交流，为创新型人才的培养提供支撑，进一步推动博士教育迈向新高。

青年是国家的未来和民族的希望，青年科技工作者是科技创新的生力军和中坚力量。我也是从一名青年科技工作者成长起来的，希望"博士论丛"的青年学者们再接再厉。我愿此论丛成为青年学者心中之光，照亮科研之路，激励后辈勇攀高峰，为加快建成科技强国贡献力量！

中国工程院院士

2024 年 12 月

前　言

PREFACE

　　随着人工智能的飞速发展，人们的生活已日渐智能化。而以数据驱动的智能化应用在为人们带来便捷生活的同时，也产生了海量的图像视频数据，为数据的存储和传输带来了巨大压力。为了满足多媒体应用的需求，提升图像视频的压缩效率，国际标准化组织先后发展了多代图像视频编码标准。然而，随着高清、超高清视频及具有沉浸感的三维视频的普及，视频编码效率仍有待进一步提高。

　　本书是作者在多年视频编码研究工作的基础上编写的。全书内容四个部分：第一部分介绍视频编码相关的基本知识，包括 HEVC、AVS、VVC 等视频编码标准的核心技术及研究现状；第二部分阐述了针对视频编码标准技术所做的研究工作，包括变换编码及率失真优化技术；第三部分阐述了光场图像压缩方面的研究工作；第四部分阐述了面向机器视觉的视频编码研究工作。

　　由于作者水平所限，书中难免存在不足，敬请各位学界前辈与同行及广大读者批评指正。

作　者

2024 年 12 月 23 日

目录
CONTENTS

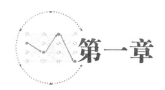

第一章

绪　论

1.1　研究工作的背景与意义

视觉是人类感知世界的主要方式之一。人们对极致视觉感受的渴求促使视觉信息处理技术不断发展，如图像/视频采集、存储、传输、显示技术等[1]。目前以大数据为基础的智能技术正逐渐影响人们的生活方式，大量的智能应用已渗透到人们日常生活的多个方面，为人们提供更加安全、智能、便捷的服务，如视频监控、人脸识别、智能交通等[2]。

在以大数据为基础的智能应用中，图像/视频数据是主要的数据来源，堪称大数据中的"大数据"。据美国的视频总网站 Youtube 统计，2018 年该平台用户每分钟上传的视频总时长超过 400 小时；贝尔实验室早在 2016 年就已预测，2020 年音视频数据流量将占新增流量的 80%。随着多媒体技术的飞速发展，图像/视频数据的特性在多个维度呈现快速增长的趋势。如图 1-1 所示，视频数据在光谱范围、时间/空间分辨率、动态范围等方面呈现快速发展的趋势，如超高清视频、高动态范围（high dynamic range，HDR）视频[3]、高光谱视频[4]等。如今，我们生活在爆炸式增长的图像/视频数据海洋中，海量的图像/视频数据在为我们提供便捷服务的同时，也为数据存储和传输带来巨大压力。因此，图像/视频的高效编码研究不仅具有科学研究价值，同时还将带来巨大的社会经济效益。

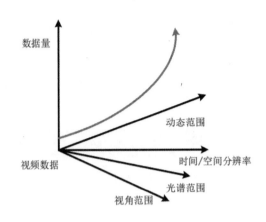

图 1-1　视频数据特性变化示意图

　　为了减小图像视频数据的存储压力及传输带宽，国际标准化组织（International Standardization Organization，ISO）/国际电工委员会（International Electronical Commission，IEC）和国际电信联盟电信标准化部门（International Telecommunication Union-Telecommunication Standardization Sector，ITU-T）在 20 世纪 90 年代开始视频编码标准的制定工作，旨在规范视频编码器的输出码流，同时实现在有限带宽下重建高质量的视频。然而，为了提升编码性能，每一代视频编码标准往往以牺牲编码复杂度为代价。与 H.264/AVC（advanced video coding）[5]相比，在相同视觉质量上，HEVC（high efficiency video coding）虽然可节省约 50% 的码率，但编码复杂度（以编码时间衡量）增加了约 500%[6]。较高的编码复杂度大大降低了视频编码器的实用性。因此，如何在降低编码复杂度同时保持较好的编码性能具有重要意义。

　　另外，为了满足人们对沉浸式三维视觉体验的追求，三维视频技术飞速发展。从早期的三维视频（如基于双目立体视觉的三维视频[7-9]、多视点视频[10,11]）到近几年比较流行的光场数据[12]，图像视频的数据格式也在不断变化。与早期的三维视频相比，光场图像可提供超多密集视点，在一定视角范围内可提供准连续的观看视角，达到裸眼 3D 的观看效果[13]，并已成为下一代三维电视系统的发展方向之一。与传统图像相比，光场图像

的采集方式和数据格式不同，现有的编码工具无法高效压缩该类数据，为光场数据的存储和传输带来了巨大压力。因此，光场图像的高效压缩是亟待解决的问题。

现有的视频编码算法是基于信息论中的率失真理论[14,15]，通过最小化平均像素失真代价函数，解决码率和像素失真的优化问题。从现有的视频编码理论框架可以得出，现有视频编码理论仅仅考虑视频像素失真。然而在基于视频内容分析的智能应用中，像素失真并不等同于内容分析失准（编码前后内容分析结果不一致），二者紧密联系但又存在明显差异。视频编码的受众是人，视频内容分析的受众是计算机，像素失真带来的后果是人眼视觉失真，导致视频观看者无法清晰地观赏视频内容；视频内容分析失准则会造成计算机无法准确完成分析任务。视觉失真不一定会引起视频内容分析失准；反之，内容分析失准也不一定造成严重的视觉失真。因此，将最小化视频内容分析失准作为视频编码的优化目标，研究基于内容分析一致性的视频编码方法是很有必要的。

率失真优化（rate-distortion optimization，RDO）是视频编码的核心技术，几乎贯穿视频编码的整个过程。本书从率失真优化及其应用的角度出发，围绕视频编码优化开展研究工作：在低复杂度帧内多核变换方面，从率失真优化的角度归纳了帧内模式判决、变换核选择及编码时间复杂度之间的优化问题，提出了对偶互换机制，使相邻帧内预测模式采用不同的水平和垂直变换核，实现了编码性能和编码复杂度之间更好的平衡。在基于伪视频序列的光场图像压缩方面，本书考虑了编码帧之间的时域依赖关系；从视差和了视点间的质量差异两个方面出发，本书提出了新的视点扫描方式，并引入了时域依赖率失真优化方法，优化了 I 帧量化参数，有效地提升了帧间预测效率。与同类算法相比，该方法取得了更好的编码性能。在面向目标检测的视频编码优化方面，通过构建码率与分析失真之间的关联模型，实现了码率、压缩失真和分析失真三者之间的联合优化，降低了视频压缩对目标检测的影响。

1.2 国内外研究现状

本书的研究工作是在国际视频编码标准公布的参考软件上完成的，本节将先介绍视频编码标准的发展过程，再分别介绍视频编码中的变换方法、光场图像压缩和面向内容分析的视频编码的研究现状。

1.2.1 视频编码标准的发展过程

图 1-2 展示了国际标准组织 ISO/IEC 和 ITU-T 从 20 世纪 90 年代开始陆续公布的视频编码标准，可以看出视频编码标准已有几十年的发展历史。从 1990 年到 2000 年，ITU-T 先后公布了 H. 261 至 H. 263 ＋＋四代视频编码标准[16]。在 1993 年以后，ISO/IEC 的视频编码专家组（video coding experts group，VCEG）和 ITU-T 的运动图像专家组（motion picture experts group，MPEG）组成联合工作小组，先后公布了三代视频编码标准，包括现在常用的 H. 264/AVC 和 H. 265/HEVC。其中，H. 26X 是 ITU-T 的标准命名格式，AVC 和 HEVC 是 ISO/IEC 的标准命名格式。

随着视频图像采集设备的不断发展，人们能够更加便捷地获得高质量的视频图像数据。图 1-2 展示了从 20 世纪 90 年代至今的视频特性对比。可以看出，视频的分辨率、帧率和数据的维度（包括视角范围、动态范围和光谱范围）都呈现出快速增长的趋势。高清的视频图像虽然为人们带来了越来越好的视觉体验，但数据量也随之增大。为了应对飞速增长的视频数据及日新月异的视频特性，国际标准组织平均每 10 年公布一代视频编码标准，新一代视频编码标准 VVC（versatile video coding）于 2020 年已公布[17]。另外，每一代视频编码标准针对不同的视频特性做了相应的扩展。以发展成熟的 HEVC 为例，除了支持高清、超高清视频外，还对三维视频

和屏幕内容视频做了扩展，包括多视点视频编码 MV-HEVC（multi-view HEVC）[18]扩展、基于多视点加深度的三维视频编码 3D-HEVC（3D extension of HEV）[19]扩展和屏幕内容编码 SCC（screen content coding）[20]扩展。在可伸缩编码（scalable extension of HEVC，SHVC）[21]方面，增加了质量可伸缩功能。视频编码标准的意义在于规范了输出码流的格式，同样以 HEVC 为例，只要符合 HEVC 定义的码流格式，任何编码器都可划分为 HEVC 编码器。为了推动 HEVC 标准化工作进程，视频编码联合工作组（joint collaborative team on video coding，JCT-VC）公布了 HEVC 的测试模型（HEVC test model，HM）。HM 集成了 HEVC 编码标准制定过程中的先进技术，但编码器复杂度较高，在一些实时性应用场景中难以得到应用。因此，有许多公司根据具体应用对 HM 做了优化，比较经典的有×265 视频编码器。和 HM 相比，尽管×265 的编码性能有所下降，但其编码时间复杂度大大降低，增强了编码器的实用性。

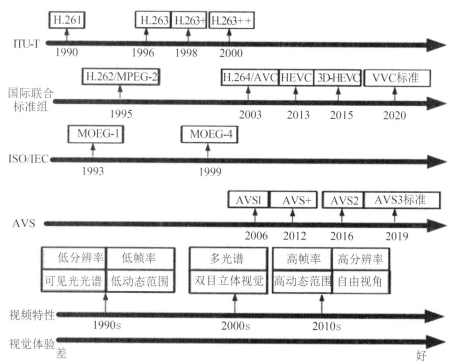

图 1-2　视频编码标准及视频特性发展示意图

自 2002 年开始，我国着手开发具有独立知识产权的音视频编解码标准 AVS（audio video coding standard）[22,23]，并于 2006 年颁布了第一代 AVS 标准，截至目前，我国已陆续颁布了三代 AVS 标准。AVS 标准同样采用混合编码框架，同时增加了许多具有自身特色的技术。如面向超高清视频应用的 AVS2 标准、2022 年投入使用的 AVS3 标准[24]，支撑新中国成立 70 周年时的 4K 直播和 2022 年的北京冬奥会 8K 直播。除了图 1-2 中所示的视频编码标准外，还有由 Google 公司开发的开放式、无版权费的视频编码标准 VP9[25,26] 和由多家公司共同研发的开源视频编码标准 AV1（alliance for open media video 1）[27,28]。

1.2.2 视频变换编码研究现状

变换在混合编码框架中起着将预测残差能量集中的作用，对后续的熵编码过程有着至关重要的意义。尤其是在 H.264/AVC、HEVC 及正在标准化的下一代视频编码标准 VVC 中，经量化后，高频变换系数被量化为零，经特定的扫描方式可生成包含大量零元素的变换系数向量，经熵编码后能够取得良好的编码性能。因此，有很多研究者致力于提升视频编码中的变换效率。

在国际标准组织先后颁布的五代视频编码标准和我国自主研发的音视频编解码标准 AVS 系列中，离散余弦变换（discrete cosine transform，DCT）和离散正弦变换（discrete sine transform，DST）被广泛采用[29-33]。尤其是离散余弦变换核 II 型（DCT-2）以其优异的变换性能，已被应用到多个视频编码标准中。有研究表明，对于平稳信号，采用 DCT-2 变换后的变换系数能量集中度最接近最优变换 KLT（karhunen-loeve transform）[34-36]。然而，预测残差信号并不是平稳信号，在大多数情况下，采用 DCT-2 的编码性能并不高。为了进一步提升编码性能，HEVC 将 DST-7 应用到 4×4 大小的变换单元中[37]。最近提出的自适应多核变换（adaptive multiple transform，AMT）采用 DCT/DST 家族的三种变换核也被应用到视频编码中，分别为 DCT-8、

DST-1 和 DCT-5[38,39]。增加 DCT/DST 家族的变换核数量的优点在于不用将变换核传输至解码端，但由于不能适应复杂多变的图像内容，所以变换效率依旧没有达到最优。针对该问题，有研究者通过奇异值分解的方式来获取每个变换单元的变换核，但该方法运算量巨大[40]。因此，有不少研究工作集中在降低算法计算量方面[41-43]。

在视频变换编码研究领域，值得一提的工作是模式依赖变换（mode-dependent transform，MDT）[44,45]。该方法的出发点是经帧内角度预测得到的预测残差往往会呈现出一定的方向性。以副对角线预测方向为例，该角度下的预测残差往往会呈现出从左上至右下逐渐变大的趋势。根据这一观测结果，模式依赖变换根据每个角度的预测残差变化趋势，利用 DCT/DST 设计新的变换方法。具体方法为根据预测残差在水平和垂直两个方向的变化趋势采用适应该变化趋势的变换核。一般而言，对于幅度逐渐增大的信号，DCT-8 的变换效率较高；对于幅度逐渐减小的信号，DST-7 的变换效率较高；对于幅度变化平缓的信号，DCT-2 的变换效率较高[46]。模式依赖变换通过两个一维的水平方向和垂直方向的 DCT/DST 来实现，选用的两个方向的一维变换核可以不同。在纹理边缘方向不是水平或者垂直的情况下，采用水平和垂直方向变换核将无法达到理想的变换效率。针对该问题，文献[47] 提出了一种方向 DCT 变换方法，该方法首先用边缘提取算法获取编码单元的边缘方向信息，然后根据边缘方向选择一维变换基进行变换，最后对重排列的变换系数进行二次变换。实验结果表明，方向 DCT 比传统 DCT 具有更高的变换效率。

上述方法主要是针对帧内预测残差提出的变换方法。虽然帧间预测可以较大程度地去除视频时域冗余，但对于视频中出现旋转、缩放等不规则运动的情况，帧间预测性能并不高。针对该问题，文献[48，49] 对预测块进行仿射变换，增大了与编码块之间的相关性，提升了帧间预测性能。文献[50，51] 利用视频编码单元之间的非局部相关性，提出了信号依赖变换（signal dependent transform，SDT），该算法从重建帧中搜索多个与当前编码单元匹配的重建块，然后利用这些重建块训练得到变换基。

总之，目前关于视频变换编码的研究大致可以分成两类：一类是引入不固定变换核的方法，如基于 KLT 的变换方法；另一类是通过增加变换核的方式来提升编码性能。这两类方法都能有效地提升变换效率，与此同时，编码复杂度也大大增加。因此，研究低复杂度的变换编码方法以降低编码时间复杂度，对于增强视频编码器的实用性至关重要。

1.2.3　光场图像压缩研究现状

目前，光场图像压缩的研究可分为三类：基于变换的压缩方法、基于伪视频序列的压缩方法和基于预测的压缩方法。以下将分别针对上述三类光场图像压缩方法进行介绍。

（1）基于变换的光场图像压缩方法

在 2010 年以前，基于变换的光场图像压缩方法主要集中在多维变换方法的探索上，如 3D-DCT[52]、3D-DWT[53]、4D-DWT[54] 等。但该类算法计算量巨大，并且无法利用各视点间的视差信息，会产生很多较大的变换系数，不利于后续的熵编码。为了克服这一问题，文献 [55] 提出了一种基于小波包变换的压缩方法，通过重建质量调整小波包基的数量，取得了较好的压缩性能。为了充分利用视差信息，文献 [56] 将视差补偿算法引入光场图像压缩算法中，该算法首先利用聚类算法将子视点图像按照一定的顺序组成一个序列，然后利用视差补偿算法进行视点间预测，进而去除视点间冗余；采用 Haar 小波基对预测残差做小波变换，最后利用经典的多级树集合分量熵编码算法（set partitioning in hierarchical trees，SPIHT）对变换系数进行熵编码输出码流。除了经典的 DCT、离散小波变换（discrete wavelet transform，DWT）等变换方法，还有其他种类基于变换的光场图像压缩方法，如基于多聚焦图像的压缩方法[57,58]和基于图变换的压缩方法。尤其是基于图变换的光场图像压缩方法在近几年正逐渐兴起[59-63]，该类算法的重心在于如何构建图来高效表示光场信息，在完成图的构建后，通过图傅里叶变换得到变换基，经熵编码后输出码流。

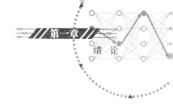

（2）基于伪视频序列的光场图像压缩方法

基于伪视频序列的光场图像压缩方法首先利用视点提取算法将光场图像转换为多幅子视点图像，然后按照一定的视点扫描顺序生成伪视频序列，最后利用现有视频编码器对伪视频序列进行压缩。由于各子视点图像间存在视差，因此视点图像的扫描顺序会对压缩性能造成影响。目前，研究者们已提出了多种子视点图像扫描方式，如横向、纵向、之字形、环形等[64,65]。为了验证视点扫描方式对编码性能的影响，文献［66，67］在多种编码配置下对横向和环形两种子视点图像扫描方式的压缩性能做了对比，实验结果证明，不同的子视点图像扫描方式会得到不同的压缩性能。视点扫描方式对压缩性能造成影响的主要原因是扫描方式会影响当前编码帧的参考帧选择，选择质量更高的参考帧可以提升编码性能。文献［68］将层级参考结构从一维扩展到二维，将分布在二维空间中视点划分为四个象限；为了降低参考帧缓存，只选取位于每个象限四个边缘的视点图像作为参考帧；用视点间的距离取代图片顺序（picture order count，POC）作为搜索最佳参考帧及缩放运动的准则。上述工作大都基于传统视频编码平台，如H. 264/AVC 和 HEVC，还有一些基于其他视频编码平台的研究工作，如文献［69，70］提出的 3D-HEVC 和 HEVC 混合的编码框架。该编码框架先利用多视点视频编码器 3D-HEVC 对多视点图像进行编码，根据重建的多视点图像预测光场图像，再利用 HEVC 编码器对预测残差进行编码。

（3）基于预测的光场图像压缩方法

基于预测的光场图像压缩算法的思想是利用光场图像在空域上的强相关性，发展高效的预测方法来提升编码效率。在直接压缩光场图像的算法中，基于模板匹配[71,72]的算法得到了广泛应用。为了进一步提升预测效率，文献［73］在重建区域沿两个不同方向搜索预测块，然后比较两个预测块的率失真代价选择最佳预测块，该方法在 HEVC 帧内编码基础上显著提升了编码性能。类似的工作还有文献［74］提出的基于局部线性嵌入的帧内预测方法，通过求解当前编码块的多个相邻解码块的最佳线性表示提升预测效率，进而提升编码性能。文献［75］提出了一种高阶帧内块预测模式，利用多种映射方法对当前编码块的相邻解码块进行变换，根据率失真代价函数得到最优的映射模式。

近五年，基于视差预测的光场图像压缩算法被广泛关注[76-78]。该类算法先将光场图像转化为多视点图像，将多视点图像划分为两部分，一部分作为参考视点采用基于伪视频序列的压缩算法输出码流，然后根据重建的参考视点图像，利用视差几何关系和虚拟视点生成算法对另一部分子视点图像进行预测，经变换、量化和熵编码后输出码流。比较经典的算法包括JPEG Pleno标准光场压缩框架[79,80]和文献 [81] 提出的编码框架。类似的算法还有文献 [82] 提出的可分级光场图像编码框架，该编码框架可实现图像空间分辨率可伸缩和质量可伸缩两种功能，是一种灵活的光场图像可伸缩编码算法。同时，国际图像压缩标准组织 JPEG 在 2015 年启动了 JPEG Pleno 标准的制定工作，目前该标准化工作仍在进行中[83-85]。

1.2.4　面向机器视觉的视频编码

面向内容分析的视频编码的相关研究可以追溯到基于感兴趣区域（region of interest，ROI）的视频编码[86,87]。其出发点是在一些特殊的应用场景中，如视频会议、视频监控等[88]，人或者机器往往只关注整幅图像中的小部分区域（即 ROI），因此 ROI 的重建质量对观看质量或内容分析任务至关重要。在带宽受限条件下，最大化 ROI 的重建质量是基于感兴趣区域视频编码的核心问题。在视频会议应用中，人脸往往是受到关注最多的区域，因此有不少研究者提出了基于人脸区域保护的视频编码算法，首先利用人脸检测算法得到每帧图像中人脸所在区域，再设计优化的比特分配算法为人脸区域分配更多比特以保证重建质量[89,90]。类似的算法还有文献 [91] 针对电脑制作的卡通视频提出的感兴趣区域视频编码框架，对比于HEVC，该方法取得了更好的编码性能。在视频监控应用中，监控背景部分往往是静止的。利用这一特点，关于背景帧建模的研究引起了研究者的广泛关注[92-96]。该类算法是通过背景提取的方法构建一个长期参考帧，通过

提升帧间预测效率的方式提升编码性能。

上述算法主要是针对人眼感兴趣区域提出的视频编码算法，在基于计算机的视频内容分析任务中，该类算法也许能取得较好的编码性能，但由于没有考虑编码失真对分析任务性能的影响，从内容分析角度来说，该类算法并不是最优的。针对该问题，有两种经典的解决方式：一种是先压缩再分析（compress then analysis，CTA），另一种是先分析再压缩（analysis then compress，ATC）。为了对比 CTA 和 ATC 两种框架的优劣，文献［97］在视觉传感器网络中以图像分析任务为实验对象，实验结果表明 ATC 框架的性能更优。鉴于此，文献［98，99］提出了一种兼容 ATC 框架的特征点编码方法，该算法利用视频编码中帧内编码和帧间编码，对不同帧提取的特征点描述子进行预测，通过率失真代价判定最终选取哪种编码方式。但该算法仅仅传输了特征点信息到解码端，无法重建出完整的视频。文献［100］提出了一种基于特征点信息保持的视频编码方法，该方法将编码前后特征点匹配误差引入率失真代价函数，通过最小化编码失真和特征点匹配失真实现在保证编码性能的同时最大化保存特征点的信息。但该方法还需将特征点检测信息传输至解码端，因此编码性能比 HEVC 略差。文献［101］基于分布式视频监控系统平台，提出了一种新的优化编码框架，该框架将内容分析任务的准确性引入率失真优化模型，并用人脸检测和跟踪的实验结果证明可能存在一个实现码率和分析算法性能平衡的最优解。类似的研究工作还有文献［102］和文献［103］，它们分别针对特征点检测和目标跟踪提出的视频编码算法，都取得了较好的性能。为了保证特征描述的标准性和互操作性，MPEG 在 2015 年制定了用于视频搜索的紧凑描述子（compact descriptors for visual search，CDVS）的标准化[104]，在 2019 年完成了用于视频分析的紧凑描述子（compact descriptors for video analysis，CDVA）的标准化[105]。CDVA 通过神经网络提取特征描述子，但网络模型参数仅针对特定的视频内容分析任务，对于其他视频分析任务来说，难以得到最优的紧凑特征描述子，因此也有一些工作致力于改进 CDVA[106-108]。除了使用 CDVS 和 CDVA 标准提取紧凑特征外，近些年，神经网络在特征提取方面表现出卓越的性能，不同模型的特征提取在特定层具有相似的形状和分布，因此可以对特征的压缩过程进行标准化来保证互操作性。文献［109］提出了一种基于视频编解码的特征图编码框架：首先将特征图进行量化，然后将其封装为视频序列，最后通过现有的视频编码器对提取到的网络特征进行编码。

　　除了压缩特征点外，将视频编码失真与内容分析失准联合优化的研究也已经引起研究者的关注，许多研究者已在多种应用背景下提出了性能优异的算法。如根据图像前景对大多数机器视觉任务更为重要的思想，文献［110］和文献［111］将基于ROI的比特分配策略融入传统编解码器以适应多种机器视觉任务。文献［110］根据重要性特征图，将更多比特分配给语义信息更重要的区域，实验结果表明重建的视频数据可以同时支持对象检测和语义分割任务。但对于其他任务，编解码器必须使用其他语义重要性特征图生成方法，例如用于分类任务的Grad-Cam。文献［111］通过预训练的RPN和VGG，使得VVC可以支持分类、对象检测和语义分割任务。对于基于学习的编解码器，InterDigital的AI实验室提出了使用一种"连接器"将适配主任务的编解码器迁移到次级任务的方法，"连接器"在推理时转换主任务的重建图像以适应次级任务[112]。这种方法不提取多任务特征，因此，当下游任务与主任务关系不紧密时，这种方法将失效。文献［113］使用了包括任务特定损失和特征压缩损失在内的损失函数训练了一个多任务模型，证明了在一个多任务模型中，深层次的中间特征可以进行有损压缩而不会牺牲任务的准确性。然而，该研究主要研究传输单个深度特征张量，这种方法不适用于像Mask-RCNN和YOLO-V3这样具有多个分支和残差连接的高性能多任务网络。之后他们又提出了一种用于传输多个特征流的比特分配方法[114,115]。北京大学王选计算机研究所的研究者研究了对高级语义相关任务和中级几何分析任务的统一特征的压缩问题，提出了一种基于学习的深度特征编解码器，使用基于字典的超先验模型来最小化比特率，同时可支持多种不同的机器视觉任务[116]。

　　还有一些研究从不同的角度尝试解决多个机器视觉任务中的视觉数据

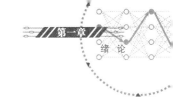

压缩问题。如采用对比学习，该类方法已被证明能够学习通用且可迁移的视觉表示[117,118]。据此，中国科学技术大学的类脑智能技术及应用国家工程实验室在对比学习中引入信息过滤模块，以学习紧凑且富有表达力的深层中间特征，且在多个机器视觉任务上实现了较好的率失真性能[119]。此外，他们提出了一种基于学习的语义结构化图像编码框架，以生成语义结构化的比特流，其中比特流的每个部分代表一个特定的对象，并且可以独立地应用于智能任务[120]。因此，根据下游任务的要求，只需要传输部分比特流，显著减少了码率并降低了解码复杂度。基于文献［120］，文献［121］通过引入光流来编码连续的运动信息，使得该语义结构化编码框架可以支持视频理解任务。

上述方法针对机器视觉，根据不同的计算机视觉任务需求，提出了多种紧凑特征描述方法，其中多数方法在解码端仅能重建特征信息，无法重建满足观看要求的视频内容。

1.2.5 面向人机混合视觉的视频编码

面向人机混合视觉的视频编码既要支持机器智能视觉任务，还要满足人眼的观看需求。文献［122］表明，由于人眼感知和机器智能任务度量的差异，在人机视觉场景中，有必要定义新的失真度量标准，并引入联合决策机制以实现更好的性能。现有的人机混合视觉的视频编码大致可以分为两类方案。一类方案需要设计两条支路输出码流：一路用来编码输出机器视觉任务所需要的特征(特征流)，另一路用于编码输出人眼视觉所需要的辅助信息(辅助信息流)。对于机器视觉任务，解码端只需要接收特征流即可完成机器视觉任务，对于人眼视觉，解码端需要接收特征流和辅助信息流实现视频重建。另一类方案只输出一种码流，即通过一条码流支持人眼视觉观看和机器视觉"观看"。

（1）基于双码流的人机混合视觉视频编码

MPEGVCM 小组采用双码流的面向人机混合视觉的视频编码方法，提出了一种联合编码流程。该流程将超高清视频编码成两条码流，其中一条码流供机器视觉使用，而人眼视觉观看则需要接收到两条码流。基于此流程，一些人机混合视觉编码方案被相继提出。北京大学的时空还原、理解和压缩团队（STRUCT）在面向人体姿态检测的人机混合视觉任务中，编码端对输入的原始视频分两路处理，将关键帧图像采用传统视频编码器进行压缩，而其他非关键帧则仅提取其关键特征点然后对关键特征点进行编码[123]。解码端先重建关键帧图像，再结合非关键帧的关键特征点，采用条件生成网络重建出非关键帧。有研究表明，视频的高级特征往往具有任务特定性，而深度网络提取的中间特征则包含更多通用信息。因此，北京大学的视频与视觉技术研究所提出了一种范例，将深度网络模型提取出来的中间特征进行压缩和传输，利用解码的中间特征作为后续多任务的输入，但是针对人眼视觉的部分，仍然需要构建解码网络模型。文献［124］将视频序列分为 GoP（group of picture），每个 GoP 包含一个关键帧和多个普通帧，且数据分为基础层（base layer）和增强层（enhancement layer）。基础层的输出为对关键帧帧内编码后的码流及其特征信息，其特征信息为预训练模型提取的结构化隐空间特征，该特征包含目标检测所需的信息以及重建出完整图像所需的辅助信息。增强层是重建出完整视频所需的额外数据，采用帧间预测编码。帧间预测采用 HEVC 中的帧间预测技术，并添加了基于学习的预测模块以提升帧间预测效率。文献［125］分析了不同机器视觉任务所提特征的相似性，探索如何以低码率表示多机器视觉任务的特征，通过特征向量的超先验以及字典的超先验网络精确估计多任务所提特征的级联特征分布。实验结果表明，对于训练中不可见的任务，使用相似任务来监督训练压缩模型，可以帮助提升未训练任务的性能，并降低码率。

（2）基于单码流的人机混合视觉视频编码

该编码方法旨在使用单码流满足视频重建以及机器智能视觉任务的需求，常规流程是在完全解码重建的像素域视频上执行后续机器智能视觉任务，且该流程同样已经被 MPEG VCM 接收。基于单码流的人机混合视觉视频编码仅输出一条码流，输出的码流需要同时满足机器视觉任务和人眼视

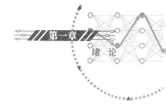

觉观看。当在重建视频上执行机器智能 0-视觉任务时，机器智能视觉任务同样需要进一步提取特征，因此在解码端可构建特征域与像素域的关联模型。文献［126］将已经解码重建的中间特征用于运动估计与运动补偿，将中间特征联合当前待编码帧，通过跨域的运动估计得到运动信息及残差，然后进行熵编码，实验结果表明，所提方法有效地提升了面向机器智能的视频联合信息编码的效率，并在多个计算机视觉任务上取得了较好的性能。总之，有关图像的人机视觉混合编码的研究较多，且已经形成 JPEG AI[127] 相关标准，但目前面向人机混合视觉的视频编码仍然处于发展阶段。

1.3 主要贡献与创新

本书从率失真优化及其应用的角度出发，开展视频编码优化方面的研究工作，主要贡献及创新点如下：

（1）充分考虑了最新发展的帧内预测方法中角度预测方向较为密集这一特点，从率失真优化的角度归纳了帧内模式判决、变换核选择和编码复杂度之间的关系，提出了相邻帧内模式的对偶互换机制，使相邻帧内角度预测模式采用不同的水平和垂直变换核。研究了不同帧内预测模式下预测残差的分布特性，根据统计实验结果设计了帧内预测模式依赖变换核查找表，结合对偶互换机制，提出了相邻帧内预测模式的变换核选择方法，在保持一定编码性能的同时降低了编码复杂度。

（2）分析了基于伪视频序列的光场图像压缩算法的优点，考虑到编码帧之间的时域依赖关系，从视差和视点间的质量差异两个方面出发，提出了新的视点扫描方式，提升了伪视频序列中相邻帧之间的时域相关性，取得了比同类算法更好的编码性能。

（3）引入时域依赖率失真优化方法，进一步提升了编码性能。考虑到 I 帧对后续编码帧的影响，提出了 I 帧的量化参数调整策略，对比分析了时域依赖率失真优化在不同子视点图像扫描方法上的性能差异。

（4）将视频压缩失真对目标检测性能造成的差异定义为分析失真，通过最小化压缩失真和分析失真，使编码前后目标检测结果差异最小。建立了分析失真和码率之间的关联模型，也称为率失准模型。提出了基于二次编码的优化算法，利用压缩失真预测分析失真，构建了线性预测模型，避免了为获得精确的压缩失真和分析失真需要反复执行编码和目标检测算法的过程。将分析失真引入视频编码的率失真优化，通过求解拉格朗日乘子实现码率、压缩失真和分析失真的联合优化。利用视频编码的时域参考关系，构建了压缩失真的线性预测模型，提出了基于一次编码的改进算法，降低了编码时间复杂度。提出的两种编码优化算法均可有效降低视频编码对目标检测造成的影响，在相同码率下，提出的优化算法可有效降低分析失真。

（5）定量分析了编码过程中 GoP 间的影响强度，提出了在 RA 配置下 GoP 级量化参数偏移的调节方法。该方法结合了全局率失真优化思想，将时域依赖率失真优化集成到 AVS2 编码器中，提出了层级量化参数自适应调节方法。

1.4 结构安排

本书的具体章节安排如下：

第一章，论述了本书的研究背景及意义，介绍了与本书研究内容相关的研究状况。

第二章，介绍了视频编码标准中的关键技术，包括混合编码框架、帧内预测、帧间预测、变换及率失真优化技术。

第三章，研究了低复杂度帧内多核变换方法。3.1 节阐述了现有帧内多核变换存在的问题；3.2 节从率失真优化的角度阐述了帧内模式判决、变换

核选择和编码复杂度之间的关系，进而提出了相邻模式的对偶互换机制；3.3 节介绍了提出的基于对偶互换机制的变换核选择方法，3.4 节给出了实验结果。

第四章，研究了基于伪视频序列的光场图像压缩方法。4.1 节介绍了光场的基础理论及主流的数据采集方式，阐述了光场图像的特点；4.2 节综合考虑了视差和视点间的质量差异，提出了新的视点扫描方式，提升了伪视频序列中相邻帧之间的时域相关性；4.3 节提出了量化参数调整策略，采用时域依赖率失真优化方法进一步提升了编码性能；4.4 节展示了实验结果并进行讨论分析。

第五章，研究了面向目标检测的视频编码优化方法。5.1 节阐述了视频编码对内容分析的影响；5.2 节定义了分析失真并给出了分析失真的度量方式；5.3 节论述了率失准优化问题；5.4 节提出了基于二次编码的优化算法，将分析失真引入视频编码的率失真优化过程，构建了率失真模型，实现了码率、压缩失真和分析失真三者的联合优化；5.5 节提出了基于一次编码的优化算法，利用时域层级参考关系预测压缩失真，避免了二次编码过程；5.6 节展示了实验结果并进行讨论分析。

第六章，研究了 AVS2 在随机接入配置下的编码优化。6.1 节阐述了 AVS2 中 GoP 级量化参数自适应的调节方法；6.2 节分析了编码过程中图像组间的影响强度，提出了 GoP 级量化参数偏移的调节方法；6.3 节提出了层级量化参数修正方法；6.4 节展示了实验结果并进行讨论分析。

第七章，全书总结与展望。总结了基于率失真优化技术及应用取得的创新性成果，展望了未来的研究方向。

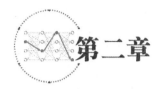

第二章

视频编码关键技术

本章主要介绍视频编码中的关键技术，包括混合编码框架、预测编码、变换编码、视频编码中的编码结构、视频编码中的误差度量及率失真优化技术。在率失真优化部分着重阐述经典的率失真优化模型，为后续章节做铺垫。

2.1 混合编码框架

混合编码框架作为视频编码的基本框架结构，从 1990 年颁布的第一代国际视频编码标准 H. 261 开始，到目前正在标准化过程中的下一代视频编码标准 VVC，和我国自主研发的音视频编解码标准 AVS，始终应用于各代视频编码标准中，从未被替换过。

混合编码框架由预测[128]、变换[129]、量化[130]、熵编码[131]等多个模块组成。具体的编码流程为：第一步，编码器将每一帧视频图像划分为固定尺寸的编码树单元（coding tree unit，CTU）；第二步，按照一定的块划分结构[132]进一步划分 CTU，得到编码单元（coding unit，CU）；第三步，通过帧内预测[133]或帧间预测[134]得到 CU 中每个像素的预测值；第四步，通过将 CU 的像素值与预测值相减得到预测残差，并对预测残差进行变换；最后，对量化后的变换系数进行熵编码输出码流。图 2-1 为混合编码框架示

意图，混合编码框架之所以沿用至今，是因为其中每个模块都可高效地去除视频的时空冗余，同时编码器还可通过率失真优化技术将各模块统一联合优化，进一步提升编码性能。对于现有的已发展成熟的几代视频编码标准来说，不断变更的只是混合编码框架中各模块的相关编码技术。

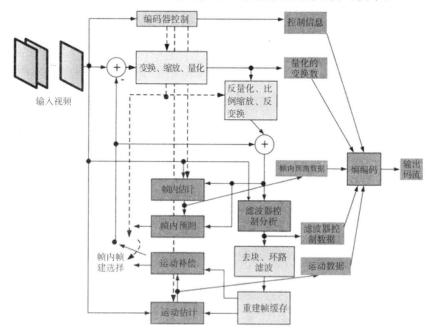

图 2-1　混合编码框架示意图

2.2　预测编码

　　编码树单元是视频编码器的基本处理单元。为了提升预测效率，视频编码器在对每个 CTU 进一步划分后，即可采用预测技术去除视频的时空冗余。如图 2-1 所示，视频编码中的预测技术可分为帧内预测（去除空域冗余）和帧间预测（去除时域冗余）两类。本节将分别介绍 CTU 划分、帧内预测和帧间预测。

2.2.1 编码单元

为了刻画视频中每帧图像的纹理特征，视频编码器会将每一帧视频图像划分为固定尺寸的图像块，即 CTU[135]。不同视频编码标准定义的 CTU 尺寸不同，HEVC 和 AVS2 定义的 CTU 尺寸为 64×64，在新一代视频编码标准 VVC 中的 CTU 尺寸为 128×128。视频编码器以 CTU 为基本处理单元，按照特定的块划分方式进一步将 CTU 分割为尺寸更小的图像块，称为编码单元。

本小节将简要介绍 HEVC、AVS2 及 VVC 中的 CTU 划分。HEVC 和 AVS2 都是采用四叉树划分结构，这里以 HEVC 为例，描述 CTU 的划分过程。HEVC 编码器采用四叉树递归的方式分割每个 CTU，直到将 CTU 划分为尺寸大小为 8×8 的图像块为止。以尺寸为 64×64 的 CU 作为四叉树的根节点，划分得到的小尺寸 CU 作为子节点。通过计算可以得出，每个 CTU 需要被划分 85 次，即整个四叉树递归过程可得到 85 个 CU。CTU 的划分作为编码过程的一个环节，最终的划分结果由率失真优化代价（rate-distortion cost，RDCost）决定：编码器通过比较 85 个 CU 的率失真代价，选择 RDCost 最小的划分作为最终的 CTU 划分结果[136]。图 2-2 展示了 HEVC 和 AVS2 中一个 CTU 的最终四叉树划分结果。CTU 被划分为小尺寸 CU 后，编码器将按照"之"字形顺序，依次对 CTU 中的每个 CU 进行后续的编码处理，包括预测、变换、量化、频编码等。

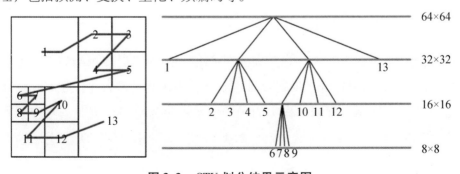

图 2-2　CTU 划分结果示意图

为了提升预测效率，编码器会对 CU 做进一步划分。在 HEVC 和 AVS2 中，每个 CU 划分后的图像块称为预测单元（prediction unit，PU）[137]。为了清楚地阐述预测过程中 CU 的分割过程，接下来介绍 HEVC 和 AVS2 中帧内和帧间预测模式下的 PU 划分。HEVC 和 AVS2 中规定一个 CU 可以被继续划分为多个 PU。PU 是 HEVC 和 AVS2 编码器预测过程中的基本处理单元。对于帧内预测和帧间预测，HEVC 编码器的 PU 划分方式略有不同。

图 2-3（a）和图 2-3（b）分别展示了帧内预测和帧间预测的 PU 划分模式，其中 N 与 CU 的深度有关，L、R、U、D 分别表示 CU 的左、右、上、下 4 个边侧。对于帧内预测，HEVC 编码器只采用 2 种 PU 划分模式，而 AVS2 采用 4 种 PU 划分模式；对于帧间预测，HEVC 和 AVS2 编码器采用了 8 种 PU 划分模式。从图 2-3（b）中可以看出，对于帧间预测，除了 4 种对称的 PU 划分模式，还有另外 4 种非对称的划分方式。当采用帧间预测时，多种尺寸的预测单元使得编码器可以更好地描述图像中复杂的纹理区域，尤其是在运动区域与非运动区域纹理差异较大（存在连续的边界）时，精细的块划分能够极大地降低运动搜索误差，提升帧间预测效率。

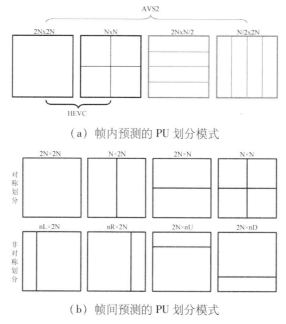

（a）帧内预测的 PU 划分模式

（b）帧间预测的 PU 划分模式

图 2-3 HEVC 和 AVS2 预测单元划分示意图。

为了进一步提升帧间预测效率，VVC 编码器除了采用四叉树划分外，还在四叉树划分过程中嵌套了二叉树和三叉树划分结构，同时删除了 PU 的概念。图 2-4 （a）展示了 VVC 中二叉树和三叉树划分模式，图 2-4 （b）展示了 VVC 中一个 CTU 划分的最终结果，其中有二叉树、三叉树和四叉树划分。显然，VVC 的 CU 划分过程比 HEVC 和 AVS2 更加复杂。为了控制划分过程的复杂度，VVC 编码器规定四叉树叶子结点 CU 的最小尺寸为 16×16，二叉树叶子结点 CU 的最大和最小尺寸分别为 128×128 和 4×4，三叉树叶子结点 CU 的最大和最小尺寸分别为 64×64 和 4×4。

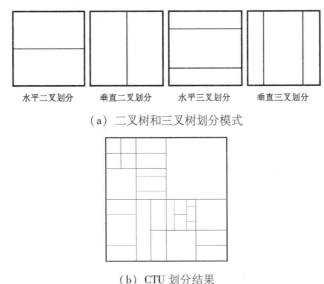

水平二叉划分　　　垂直二叉划分　　　水平三叉划分　　　垂直三叉划分

（a） 二叉树和三叉树划分模式

（b） CTU 划分结果

图 2-4　VVC 中二叉树和三叉树划分模式及 CTU 划分结果。

2.2.2 帧内预测

图像中相邻两个像素间存在较强的空域相关性，根据这一特点，帧内预测技术利用当前编码单元的上方和左侧的重建像素对当前 PU 进行预测[138]，去除图像的空域冗余。如图 2-5 所示，位于当前 PU 的上方和左侧的重建像素称为参考像素。帧内预测技术的算法流程可分为四步：第一步，获取当前 PU 的参考像素；第二步，对参考像素进行滤波；第三步，根据滤

波后的参考像素和帧内预测模式得到当前 PU 的预测块；第四步，由当前 PU 和预测块的差得到预测残差块。因为当前预测块是根据上方和左侧的参考像素得到的，所以相邻编码块之间存在一定的依赖性。

当前像素

参考像素

图 2-5　帧内预测相邻参考像素的位置示意图

为了获得较高的预测效率，视频编码标准采用了多个帧内预测模式。HEVC 采用 35 种帧内预测模式，包括 33 种角度预测模式和 2 种非角度预测模式（DC 模式和 Planar 模式）。一般而言，角度预测模式适用于纹理较复杂的图像块，DC 模式和 Planar 模式则适用于纹理变化平缓的图像块。为了得到最优的帧内预测模式，视频编码器会先计算各帧内预测模式候选的 RDCost，然后选择 RDCost 最小的预测模式作为当前 PU 的最优预测模式。

为了进一步提升帧内预测效率，VVC 除了沿用 HEVC 中的 35 种帧内预测模式以外，还增加了 32 个角度预测模式。图 2-6（a）和图 2-6（b）分别展示了 HEVC 和 VVC 中的帧内预测模式。同时，VVC 还将最可能模式（most possible mode，MPM）的候选数量增加至 6 个。6 个 MPM 候选的导出可分为三步：第一步，获得当前块的 5 个邻近块（左、上、左下、右上、左上）的帧内模式，平面模式以及 DC 模式也被加入初始 MPM 列表中，并且移除重复的模式；第二步，如果当前的 MPM 列表还没有满，则对列表中的帧内角度模式进行左右偏移，并将偏移后的模式加入 MPM 列表；第三步，如果 MPM 列表还是没有满，则按照垂直模式、水平模式、模式 2、对角模式的顺序加入这些默认模式。如果最终选择使用的模式来自 MPM 列表中的 6 个模式，则使用 MPM 的一元截断二值化的方法进行熵编码。

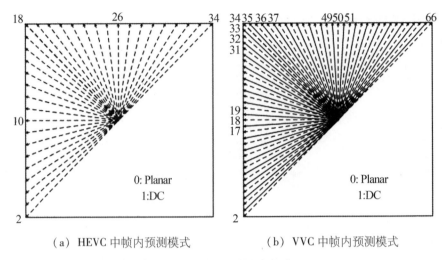

（a）HEVC 中帧内预测模式 　　　　　　　（b）VVC 中帧内预测模式

图 2-6　帧内预测模式示意图

与 HEVC 相似，AVS2 中的帧内预测模式包含 33 种，其中 30 种为角度预测，另外 3 种分别为 DC、平面（Plane）和双线性（Bilinrear）插值帧内预测模式。30 种角度预测模式的预测方向与 HEVC 中略有差异，图 2-7 展示了 AVS2 中的 33 种帧内预测模式。

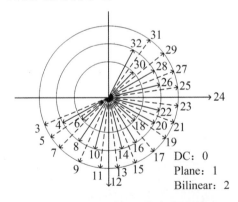

图 2-7　AVS2 亮度块帧内预测模式

HEVC、AVS2 和 VVC 中使用的差值滤波器也不相同。以 HEVC 和 VVC 为例，HEVC 中使用的是双抽头线性插值滤波器，VVC 则采用了 2 种四抽头滤波器，滤波器的选择取决于块尺寸，而不是帧内预测模式。当编码块尺寸大于 64 时，使用四抽头高斯插值滤波器，反之则使用四抽头 Cubic 插值滤波器。

VVC 中还采用交叉分量预测（cross-component linear model prediction，CCLM）技术，以去除色度分量和亮度分量之间的冗余，如图 2-8 所示。

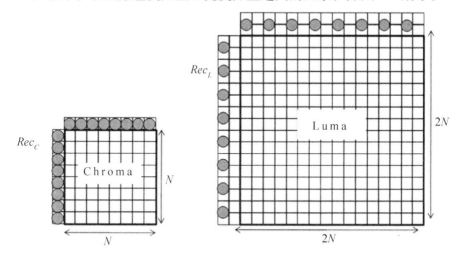

图 2-8 交叉分量预测

式（2-1）展示了 CCLM 模型，利用同一块的重建亮度分量的采样值来预测色度分量的采样值：

$$pred_c(i, j) = \alpha \cdot rec_L(i, j) + \beta \qquad (2\text{-}1)$$

其中，$pred_c(i, j)$ 表示预测得到的色度分量的采样值，$rec_L(i, j)$ 表示同一块的下采样的重建亮度样本。通过最小化当前块的相邻重建亮度分量采样值和色度分采样值量之间的回归误差来导出参数 α 和 β。

CCLM 模式被扩展到两个色度分量之间的预测，即 Cr 分量可从 Cb 分量预测得到。将加权重建的 Cb 分量的残差与原始的 Cr 分量预测值相加得到 Cr 分量的预测值，如式（2-2）所示：

$$pred_{cr}^*(i, j) = pred_{Cr}(i, j) + \alpha \cdot resi'_{Cb} \qquad (2\text{-}2)$$

式（2-2）通过上述方法得出参数 α，所导出的参数 α 在默认值（-0.5）附近。CCLM 预测模式被添加为额外的色度帧内预测模式。帧内预测技术能有效去除图像和视频的空域冗余，被广泛应用于图像和视频压缩中。

2.2.3 帧间预测

帧间预测技术能够有效地去除视频中的时域冗余，截至目前，已有许多高效的帧间预测算法被集成到 HEVC 和 VVC 中。图 2-9 是帧间预测中运动估计（motion estimation，ME）示意图。对当前帧的编码块做运动估计时，编码器采用运动搜索算法在参考帧中搜索与当前编码块最佳匹配的重建块。当前编码块与最佳匹配块在空域上的位移称为运动矢量（motion vector，MV）。HEVC 和 VVC 还支持亚像素精度的运动搜索[139-141]，包括 1/2 像素精度、1/4 像素精度和 1/8 像素精度等，有效地提升了帧间预测效率。

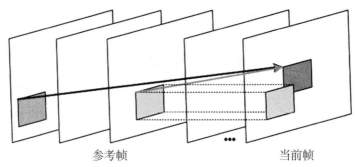

参考帧　　　　　　　　当前帧

图 2-9　运动估计示意图

为了减少 MV 的比特消耗，HEVC 还采用了 MV 预测技术，包括 Merge 和高级运动矢量预测（advanced motion vector prediction，AMVP），通过构建 MV 候选列表为当前编码块提供多个 MV 候选[142]。获得 MV 候选的方式有两种：一是当前编码块相邻的重建块的 MV，即空域 MV 候选；二是放缩参考帧中相同位置重建块的 MV 得到的时域 MV 候选。编码器将计算每个 MV 候选的率失真代价，选取 RDCost 最小的 MV 候选做为当前编码块 MV 的预测。类似的 MV 预测技术同样被集成到 VVC 中。MV 预测技术是利用视频的时空相关性对当前编码块的 MV 进行预测，只需将 MV 的预测残差（Merge 模式不需要传输 MV 信息）传至解码端，即可进一步去除视频中的时域冗余。

除了 ME 和 MV 预测，HEVC 还采用了多帧加权预测，首先可以从两个不同的参考帧中运动搜索得到两个预测块，然后对两个预测块做线性加权得到最终的预测块。当几幅图像的像素值具有相同的变化规律时，尤其在图像存在色彩渐变的情况下，如淡入、淡出等效果，多帧加权预测可达到较高的预测效率。

为了进一步提升帧间预测效率，AVS2 中不仅有 B 帧和 P 帧，还新增加了一个特殊属性的帧——F 帧。F 帧是基于前向双假设的编码帧，即 F 帧能够得到 2 个前向参考块[143]。鉴于 F 帧的独有特性，AVS2 编码器中 F 帧具有 2 种预测模式。这 2 个预测模式的区别依据 F 帧的 2 个参考块是否来自同一帧而有所不同。如果来自不同的参考帧，那么 2 个参考块之间存在的时域关联性较高；反之，则 2 个参考块之间存在的空域关联性比较高。因此，若在同一帧上，则 2 个参考块的运动矢量如图 2-10 所示。反之，2 个参考块在一条直线上，如图 2-11 所示。

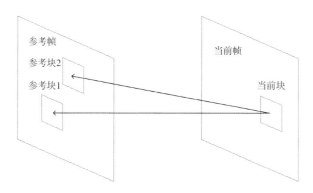

图 2-10　F 帧的 2 个参考块在同一帧上

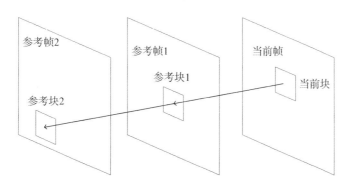

图 2-11　F 帧的 2 个参考块不在同一帧上

相对于 HEVC 和 AVS2，VVC 中增加了多种帧间预测技术，如基于仿射变换的运动补偿、双向光流法[144]等来提升帧间预测效率。为了对比 HEVC 中双向预测及 AVS2 的 F 帧预测技术，这里仅简要介绍基于匹配运动矢量导出技术。基于匹配运动矢量导出模式是基于帧速率上变换（frame rate up conversion，FRUC）技术的特殊合并模式（Merge 模式）。在 Merge 模式下，不需要将数据块的运动信息写进码流，而是可以在解码器端得到。当 Merge 标志为真时，FRUC 标志用来表示是否使用基于匹配的运动矢量导出。当 FRUC 标志为假时，Merge 索引标志使用常规 Merge 模式；当 FRUC 标志为真时，额外的 FRUC 模式标志被用来指示编码器选择的匹配方法（双边匹配或模板匹配），以便解码端导出块的运动信息。在编码端，待编码单元是否使用 FRUC Merge 模式以及使用哪种匹配模式都取决于其率失真代价。

在运动矢量导出过程中，首先选择匹配模式，为整个待编码单元导出初始运动矢量。然后检查预测单元的 Merge 列表，选择匹配失真最小的候选者作为起点。利用双边匹配或模板匹配的模式在起点周围进行局部搜索，并将匹配失真最小的 MV 作为整个待编码单元的 MV。最后以导出的待编码单元运动向量作为起点，在子块级编码块的基础上进一步细化运动信息。

对于双边匹配，如图 2-12 所示[143]，通过在两个不同参考帧中寻找最佳匹配块来导出当前待编码块的运动信息。在连续运动轨迹的假设下，指向两个参考块的运动矢量 MV0 和 MV1 应当与当前帧和两个参考帧之间的距离成比例。有一种特殊情况是，当前帧与两个参考帧之间的距离相同时，双边匹配变成了基于镜像的双向 MV 匹配。

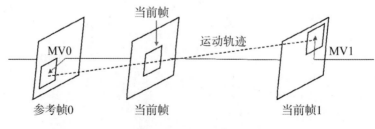

图 2-12　双边匹配

如图 2-13 所示[143]，模板匹配是通过查找当前帧中的模板（当前待编码块的顶部和/或左边的相邻块）在参考图片中的最佳匹配块来导出当前待编码块的运动信息的。

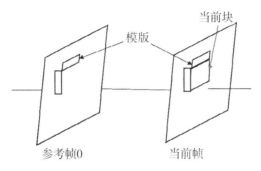

图 2-13　模板匹配

2.3　变换编码

变换编码是先将随机分布的预测残差转换到能量相对集中分布的变换域，以进一步去除冗余，再结合量化和熵编码等关键技术实现视频的高效编码[145]。在 HEVC、AVS2 和 VVC 中，变换单元（transform unit，TU）是变换编码的处理对象。为了取得良好的变换性能，HEVC 中采用 DCT-2 和 DST-7 两种变换核，需要指出的是，HEVC 只在尺寸为 4×4 的变换单元上采用 DST-7，VVC 则是在所有尺寸的变换单元上采用 DDT7。本节先介绍 TU 的划分，然后介绍 VVC 中的三种变换技术，即自适应多核变换、信号依赖变换和二次变换[146]，为第三章内容做铺垫。

2.3.1　变换单元

由于 VVC 采用的是更加复杂的 CTU 划分结构，TU 的划分也随之复杂化。为了便于阐述，关于 TU 的划分方式在 HEVC 中介绍。HEVC 同样采用四叉树递归的方式对每个 CU 进行划分，直至达到最小 TU 尺寸（4×4）。

图 2-14 展示了 CU 尺寸为 32×32 的 TU 四叉树划分结果。

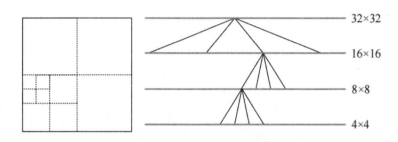

图 2-14　TU 四叉树划分结果示意图

与 CU 和 PU 划分一样，TU 的最终划分结果同样由率失真代价函数决定。一般情况下，图像中比较平坦的区域将会采用尺寸较大的 TU，纹理比较丰富的区域将会采用尺寸较小的 TU。从图 2-14 中可以看出，一个 CU 中可包含多个 TU。对于同样在 CU 中划分的 PU 来说，一个 PU 可包含多个 TU。对于帧间预测，PU 和 TU 之间没有确定关系，TU 可包含多个 PU；但对于帧内预测，由于不同 PU 之间存在参考关系，为了提升变换效率，HEVC 编码标准规定一个 TU 只能在同一个 PU 内划分。

2.3.2　自适应多核变换

自适应多核变换（AMT）的核心思想是通过增加变换核的数量来提升编码效率。在视频编码器中，AMT 仅被用在尺寸小于 64×64 的 CU 中，通过在 CU 层设置一个标记位标识当前 CU 内的 TU 是否采用 AMT，标记位为 0 代表仅用传统的 DCT 2 作为变换核，标记位为 1 代表 AMT 被用在当前 CU 的所有 TU 中。

当采用可分离的变换方式时，水平和垂直方向可分别选用不同的变换核。因此，当有 N 个变换核时，一共有 N^2 种变换组合方式。为了降低编码复杂度，AMT 定义了水平和垂直方向的变换核候选集，每个候选集中有两个不同的变换核候选。表 2-1 展示了 AMT 中的预定义变换核候选集。

表 2-1　AMT 预定义变换核候选集

候选集	变换核候选
0	DST-7，DCT-8
1	DST-7，DST-Ⅰ
2	DST-7，DCT-5

从表 2-1 中可以看出，AMT 需要 4 次 RDO 过程从变换核候选集中选择出最优的变换核组合。另外，AMT 可以根据不同的预测模式选择不同的候选集。对于帧内预测模式，根据角度预测的残差分布对水平和垂直方向分配候选集；对于帧间预测，只有候选集 0 作为水平和垂直方向的候选。

虽然 AMT 技术已经将可选的变换核组合降为 4 种，只需要 4 次 RDO 过程，但编码复杂度仍然很高。因此，AMT 采用双阈值法，只对率失真代价处于双阈值之间的情况采用 AMT 技术，以搜索更优的变换核组合。AMT 加速算法流程如图 2-15 所示。

图 2-15 中，Thr 为加速算法引入的权重因子，当率失真代价在区间 (RD_{min}，$RD_{min} \times Thr$) 时，该 CU 将会采用 AMT 技术，同时采用 2 个比特来标记当前最优的变换核组合。

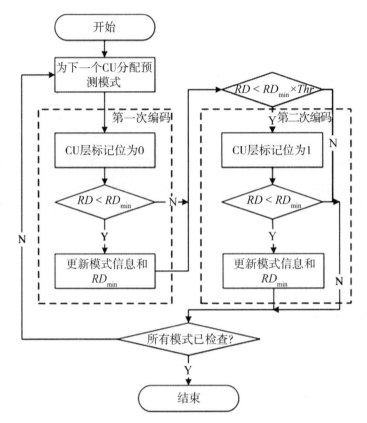

图 2-15 AMT 加速算法流程图[38]

2.3.3 信号依赖变换

信号依赖变换（SDT）的核心思想是通过在重建区域搜索与当前编码块相似的多个重建块求取 KLT。在视频编码器中，SDT 被应用在多个尺寸的 TU 中，包括 4×4、8×8、16×16 和 32×32 等。下面将概述 SDT 求取 KLT 的计算过程。

假设搜索后得到 N 个与当前变换单元相似的重建块，记为 $\boldsymbol{X}_i \in \boldsymbol{R}^D$，$i = 1, \cdots, N$；$D$ 为变换单元变换系数的个数。与当前 TU 的预测值 $\boldsymbol{P}$ 相减可得归一化残差：

$$\boldsymbol{R}_i = (\boldsymbol{X}_i - \boldsymbol{P}) / \sqrt{N} \qquad (2\text{-}3)$$

由式（2-3）可得 N 个残差块，从而可构成尺寸为 $D \times N$ 的矩阵 $\boldsymbol{R}$，对 $\boldsymbol{R}$ 的自相关矩阵 $\boldsymbol{\Sigma} = \boldsymbol{R}\boldsymbol{R}^T$ 奇异值分解即可得 KLT 的变换基，该变换基即为当前块的变换核。

2.3.4 二次变换

为了进一步提升尺寸为 4×4 的 TU 的编码效率，二次变换技术采用非分离变换的方式再次对已知的 4×4 大小的变换块进行变换。该方法仅支持帧内预测模式。对于非分离变换，可用式（2-4）表示。

$$Y = T \cdot X \tag{2-4}$$

在式（2-4）中，X 为 16 维的向量，由 4×4 变换块向量化得到；T 为 16×16 变换矩阵；Y 为二次变换后的变换系数。为了避免传输变换矩阵带来的比特消耗，编码器中预先定义了 11 种变换矩阵 T，根据当前 CU 的帧内预测模式来选择变换矩阵 T。

2.4 视频编码中的编码结构

HEVC、AVS 和 VVC 的编码结构有 3 种：全帧内（all intra，AI）、低延时（low delay，LD）和随机接入（random access，RA）。在 AI 结构的编码过程中，视频的帧与帧之间都是相互独立编码的，每一帧也可以称为即时解码刷新（instantaneous decoding refresh，IDR）帧。因此不需要缓存其他图像帧，且每一帧之间的量化参数是一样的，如图 2-16 所示。AI 结构的这种编码结构只能去除空域冗余而不能去除时域冗余。

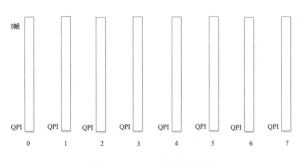

图 2-16　AI 编码结构

在 LD 编码结构中，视频序列的第一帧会采取全帧内编码，称为 I 帧。并且，这个 I 帧会作为后续待编码帧的参考帧。除 I 帧外，剩下的帧均为 B 帧或 P 帧。B 帧可以进行双向参考，P 帧可以前向参考。由于 LD 结构的参考方向是前向，没有后向帧作为参考帧，因此可以做到即编即解。详细的 LD 编码结构如图 2-17 所示，图中 Belta、Belta0 到 Belta3 为量化参数（quantization parameter，QP）偏移量。

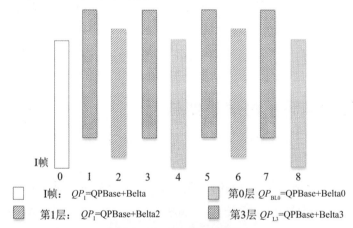

图 2-17　LD 编码结构

在 RA 随机接入结构下，视频序列会按照所给的帧率适配一个周期性插入间隔，也叫 Intraperiod。一个 Intraperiod 内会有一个采取全帧内编码的 I 帧以及广义 B（generalized pand B，GPB）帧。在通测条件下，帧率（Frame rate）与 Intraperiod 对应。例如，Frame rate 为 24 时，Intraperiod 为 32；Frame rate 为 30 时，Intraperiod 为 32；Frame rate 为 50 时，Intraperiod 为 48；Frame rate 为 60 时，Intraperiod 为 64。并且 RA 结构还对图像帧做了分处

理，如图 2-18 所示。在 JEM 中，一个 GoP 包含 16 帧；而在 HEVC 中，一个图片组只包含 8 帧。在 HEVC 中，一个 Gop 内部分层结构是 4 层；但 JEM 中的 GoP 包含 16 帧，故一个 GoP 内部分层结构是 5 层。不同层之间的 QP 存在差值。例如，层 0 属于高质量低层帧，其量化参数相较于层 4 这种低质量非参考帧会小一些。因此，根据这种分配方案，Gop 内一旦设定编码配置参数 QP_{Base} 后，就会根据每一层相应时域层之间的关系决定相应时域层与编码配置参数 QP_{Base} 之间的 QP 差值，即 QP 偏移量，例如图 2-18 中的 Delta、Delta0 到 Delta4。因此，为了更好地提升编码性能，在设定基本层量化参数之后，如何设置层与层之间的量化参数偏移量仍有待进一步研究。

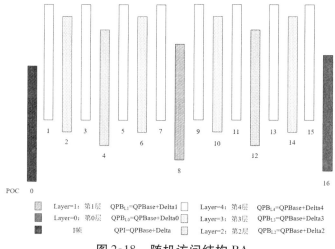

图 2-18　随机访问结构 RA

2.5　视频编码中的误差度量

在混合编码结构中，预测和量化两个模块会产生预测误差和量化误差。在前面的章节中已经阐述了帧内预测和帧间预测技术，预测值来源于已编码块的重建像素，因此，预测残差 e_{p} 可表示为

$$e_{\text{p}} = p_{\text{o}} - p_{\text{r}} \tag{2-5}$$

在式（2-5）中，p_o 和 p_r 分别表示当前编码块和由重建像素得到的预测块。为了减少模式判决过程中预测误差的计算量，现有视频编码标准采用了多种度量方式，包括绝对误差和（sum of absolute transformed difference，SATD）、最小均方误差（mean square error，MSE）和最大匹配像素数等。

量化误差是压缩失真的来源，可通过原始像素与重建像素的差值得到。在现有视频编码标准中，MSE 被广泛用来计算压缩失真，并用峰值信噪比（peak signal to noise ratio，PSNR）来表示压缩视频的重建质量。具体的 MSE 和 PSNR 的计算方式见式（2-6）和式（2-7）。

$$\text{MSE} = \frac{1}{N} \sum_{i=1}^{N} (x_o - x_r)^2 \tag{2-6}$$

在式（2-6）中，x_o 和 x_r 为原始像素值和重建像素值，N 为像素的个数。MSE 越小，代表压缩失真越小，视频的重建质量就越高。

$$\text{PSNR} = 10 \cdot \log_{10}(\text{MAX}^2/\text{MSE}) \tag{2-7}$$

在式（2-7）中，MAX 为视频中像素可取的最大值，与视频的比特深度有关。PSNR 越大，表示视频的重建质量越高。

2.6 率失真优化

率失真优化理论是视频编码的核心，是信息论的重要组成部分[147]。率失真中的"率"表示码率，反映了信息量的大小；"失真"为编码失真，反映了编码后信号与源信号之间的差异。在信息论中，信息量由信息熵来计算。假设信源的概率分布为 $\{p_i \mid i=1, \cdots, n\}$，则该信源的信息熵 H 可由式（2-8）计算得出：

$$H = -\sum_{i=1}^{n} p_i \cdot \log_2(p_i) \tag{2-8}$$

编码后信号与源信号的差异可用互信息来度量。假设存在两个信号 X 和 Y，它们的互信息 $I(X; Y)$ 可由式（2-9）计算得出：

$$I(X；Y) = H(X) - H(X \mid Y) \tag{2-9}$$

若已知信源的分布特性，则通过构建信息率失真函数（即码率与编码失真之间的函数关系），可证明在给定失真条件下服从该分布的信源可被压缩的下界。假设信号 X 为源信号，Y 为编码后信号，则率失真函数为

$$R(D) = \min_{p(yx,)} I(X；Y) \tag{2-10}$$

率失真函数是一个关于失真 D 的单调递减函数。而在实际视频编码中，编码器采用包含预测、变换、量化和熵编码等多个模块的混合编码结构，通过遍历所有的可选编码参数，选择率失真代价最小的编码参数作为最优的编码参数。这里的编码参数指的是编码器中每个模块的参数，包括量化参数、运动矢量、预测模式、选择的变换核等。所有可选编码参数的可用有限集合用 $S = \{s_i \mid i = 1，\cdots，M\}$ 表示，其中，s_i 表示可选的编码参数。需要指出的是，视频编码器只能取得有限离散的率-失真点，如图 2-19 所示。在图 2-19 中，∗ 表示在不同编码参数的条件下视频编码器可达到的率-失真点，由率-失真点拟合得到的曲线称为可达率失真曲线。

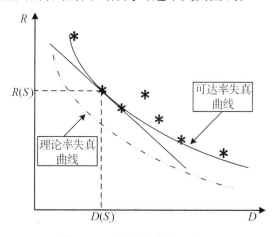

图 2-19　率失真曲线示意图

实际上，视频编码优化是一个离散的率失真优化问题，与理论分析中采用连续率失真函数的情况不同，率失真优化理论分析对于视频编码优化有着重要意义。另外，视频编码中容易计算得到编码失真和比特消耗，而对于信源的概率分布则难以统计，从而造成式（2-10）的优化不适用于实

际的编码优化中。对于采用混合编码框架的视频编码过程，其编码优化问题可视为一个多元离散变量优化问题，具体可表示为

$$\min_{\{s_1^*,s_2^*,\cdots,s_N^*\}} \sum_i^N D_i (s_1, s_2, \cdots, s_N) \text{ s.t. } \sum_i^N R_i (s_1, s_2, \cdots, s_N) \leqslant R_T$$

(2-11)

在式（2-11）中，每个 CU 的编码参数选择被视为一个随机变量。但是，因为预测编码会造成已编码 CU 的编码失真传播到后续 CU 中，所以每个 CU 的编码参数选择将不再是独立的过程，而是与所有其他 CU 的编码参数选择有关。可以看出，式（2-11）的优化目标是求解所有 CU 的最优编码参数（用集合 $\{s_1^* s_2^* \cdots s_N^*\}$ 表示），即在一定比特消耗限制 R_T 下所有 CU 的编码失真最小。在式（2-11）中，D_i 和 R_i 为第 i 个 CU 的编码失真和比特消耗。

对于式（2-11）所示的有约束优化问题，可以通过拉格朗日乘子法将其转化为无约束优化问题，具体可表示为

$$\min_{\{s_1^*,s_2^*,\cdots,s_N^*\}} J = \sum_i^N D_i (s_1, s_2, \cdots, s_N) + \lambda_g \sum_i^N R_i (s_1, s_2, \cdots, s_N)$$

(2-12)

在式（2-12）中，λ_g 为拉格朗日乘子，J 为所有 CU 的率失真代价之和。率失真优化是编码优化中的经典问题。截至目前，研究者提出了许多算法来求解式（2-12）所示的优化问题，大致可分为两类：独立率失真优化方法和全局率失真优化方法。后续的两个小节将主要介绍这两类算法的研究现状。

2.6.1 独立率失真优化

从式（2-12）中可以看出，式中各离散变量之间高度耦合，造成视频编码优化问题难以求解。为了简化求解过程，许多优化算法假设各 CU 的编码过程互不相关，即各 CU 的编码失真和比特消耗仅与当前采用的编码参数有关。基于该假设，式（2-12）的求解可简化为对每个 CU 独立求解最优的

编码参数，具体可写为

$$\min_{s_i} J_i = D_i(s_i) + \lambda R_i(s_i) \tag{2-13}$$

对于式（2-13），可以利用拉格朗日乘子求极值法来求解：通过对比特 R 求偏导数，然后令偏导数为零求得极值点，具体可写为

$$\frac{\partial J_i}{\partial R_i} = \frac{\partial D_i}{\partial R_i} + \lambda \Rightarrow \lambda = -\frac{\partial D_i}{\partial R_i} \tag{2-14}$$

从解析几何的角度来说，拉格朗日乘子 λ 为率失真曲线上切线的斜率。另外，由式（2-14）的推导可以得出，构建率－失真模型是求解独立率失真优化问题的关键。

有研究表明，在高码率假设的条件下，编码失真在每个量化区间的分布可近似为均匀分布[148]，由此可推导出编码失真与量化步长的关系，具体可表示为

$$D = \frac{(Q_{step})^2}{12} \tag{2-15}$$

在式（2-15）中，Q_{step} 为量化步长，编码失真 D 用 MSE 来衡量。另一方面，在视频编码中，通常将预测残差或变换系数视为服从特定分布的随机变量，进而推导出该分布下的率失真函数。下面分别介绍由高斯分布、拉普拉斯分布和柯西分布推导出的率失真函数及相关率失真模型。

（1）基于高斯分布的率失真模型

假设存在均值为零、方差为 σ^2 的无记忆高斯分布信源，其概率密度函数可表示为

$$p(x) = \frac{1}{\sqrt{2\pi\sigma^2}} e^{-\frac{x^2}{2\sigma^2}} \tag{2-16}$$

当以 MSE 来衡量失真 D 时，无记忆高斯分布信源的率失真函数可表示为

$$R(D) = \begin{cases} \dfrac{1}{2}\log_2\dfrac{\delta^2}{D}, & 0 \leqslant D \leqslant \delta^2 \\ 0, & D > \delta^2 \end{cases} \tag{2-17}$$

由式（2-17）可推导出无记忆高斯信源的率失真性能下界。在高码率

条件下，即编码失真较小时，对式（2-17）求偏导数可得式（2-18）

$$\frac{\partial R}{\partial D} = -\frac{1}{2 \cdot \ln(2 \cdot D)} \qquad (2\text{-}18)$$

结合式（2-14），可得拉格朗日乘子 λ 与编码失真 D 之间的关系，即

$$\lambda = 2 \cdot \ln(2 \cdot D) \qquad (2\text{-}19)$$

另外，将式（2-15）代入式（2-19）中，可进一步推导出拉格朗日乘子 λ 与量化步长之间的关系，即

$$\lambda = \alpha \cdot (Q_{step})^2 \qquad (2\text{-}20)$$

在式（2-20）中，α 为常数。HEVC 和 VVC 根据编码配置预先设定了 α 的取值。另外，还有视频编码的码率控制应用中经典的 $QP\text{-}\lambda$ 模型[149]，即

$$QP = 4.2005 \cdot \ln(\lambda) + 13.7122 \qquad (2\text{-}21)$$

式（2-21）中的系数通过多次编码的方法得到：给定 λ，采用多个 QP 进行编码，然后统计最优编码性能下选用最多的 QP，进而作为给定 λ 的最佳匹配 QP。基于高斯分布的率失真模型是常用的模型，尤其是在高码率假设下推导出的简洁的闭式表达式，如式（2-19）、式（2-20）和式（2-21），已被集成入 HEVC 和 VVC 中。

（2）基于拉普拉斯分布的率失真模型

假设存在服从参数为 β 的拉普拉斯分布，其概率密度函数可表述为

$$p(x) = \frac{\beta}{2} e^{-\beta|x|} \qquad (2\text{-}22)$$

文献［150］假设变换系数服从拉普拉斯分布，将视频编码中 SKIP 模式对率失真性能的影响考虑到编码优化中，在计算信息熵时引入了 SKIP 模式的被选概率，进而推导出基于拉普拉斯分布的率失真模型为

$$R = S \cdot H \cdot e^{-\varepsilon \cdot \beta \cdot Q}$$

$$D = \frac{\beta \cdot Q \cdot e^{\gamma \cdot \beta \cdot Q} (2 + \beta \cdot Q - 2\gamma \cdot \beta \cdot Q) + 2 - 2e^{\beta \cdot Q}}{\beta^2 (1 - e^{\beta \cdot Q})} \qquad (2\text{-}23)$$

在式（2-23）中，S 为常数，ε 的取值与视频序列和编码帧的类型有关，γ 与 SKIP 模式和变换后的零系数出现的概率有关，H 为引入 SKIP 模式被选概率后重新计算的信息熵，Q 为量化参数。在实际编码过程中，变换

系数只能通过二次编码得到。为了解决这一问题，文献［150］使用已编码帧的 γ 均值代替当前帧的 γ 值。

基于 ρ 域的率失真模型是另一个经典的基于拉普拉斯分布的模型，具体可表示为

$$R = \theta(1 - \rho)$$
$$D = \sigma^2 e^{-\omega(1-\rho)} \tag{2-24}$$

在式（2-24）中，ρ 表示变换后系数为零的比例，θ 和 σ 为模型参数，σ^2 为残差块的方差。该模型主要应用在码率控制中，有许多工作在此基础上做了扩展。另外还有文献［151］用混合拉普拉斯分布来拟合变换系数的分布情况，提出了相应的率失真模型。

（3）基于柯西分布的率失真模型

假设存在服从均值为零，参数为 ω 的柯西分布，其概率密度函数可表示为

$$p(x) = \frac{\omega}{\pi(\omega^2 + x^2)} \tag{2-25}$$

文献［152］考虑到变换之后的高频系数往往呈现出尖峰拖尾现象，提出了基于柯西分布的率失真模型，具体可表示为

$$D = C \cdot R^{-K} \tag{2-26}$$

在式（2-26）中，C 和 K 为模型参数。将式（2-24）代入式（2-12）中，即可推导出拉格朗日乘子 λ 与码率 R 之间的关系，即如下经典的 R-λ 模型。

$$\lambda = C_1 \cdot R^{-C_2} \tag{2-27}$$

在式（2-27）中，C_1 和 C_2 为模型参数。R-λ 模型考虑了 HEVC 中的特性，可以在码率控制方面取得较好的性能。

除了上述基于三种分布的率失真模型，还有一些在早期被提出的率失真模型，如二次模型、线性模型等[153,154]。这些模型在度量压缩失真时采用 MSE，还有一些算法是从人眼主观视觉质量出发，通过显著性检测得到每帧的感兴趣区域，调整 ROI 的 QP 或拉格朗日乘子，提出基于 ROI 的编码

优化方法[155,156]。在视频会议应用中，背景部分通常变化不大，而 ROI 往往为视频中的运动部分，如视频中的人脸区域。基于 ROI 的率失真优化方法能够有效提升 ROI 的主观质量，在视频会议中被广泛应用。还有文献[157] 提出了基于 SSIM（Structure SIMilarity）的率失真优化模型，该模型采用 SSIM 作为视觉失真的度量方法，可以得到更加倾向人眼视觉特性的优化结果。

2.6.2 全局率失真优化

独立率失真优化方法假设每个 CU 独立编码，通过最小化各 CU 的率失真代价求解 CU 的最优编码参数。但在实际编码过程中，不同 CU 之间存在时空依赖关系，所以每个 CU 的独立编码假设并不符合实际的编码情况。为了求解式（2-12）所示的优化问题，有学者提出了基于动态规划的全局率失真优化算法，先建立树状结构，如图 2-20 所示。图 2-20 中，每个节点代表一个基本编码单元，每两个节点间的连接代表不同可选编码参数的状态，通过遍历整个树结构选出最优的编码参数选择路径（黑色实箭头所示）[158]。该算法在早期的编码标准 H. 263 和 H. 264 中有过应用。但在 HEVC 和 VVC 中，由于可选编码参数集庞大，采用该方法会造成巨大的计算量，从而导致编码器的实用性较差。

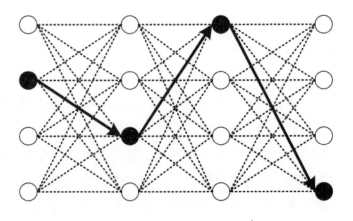

图 2-20　基于动态规划的最优编码方法示意图

还有一类基于凸优化的算法是先将式（2-11）转化为对偶问题，然后采用投影次梯度法迭代求解拉格朗日乘子[159]。该类算法的求解需要经过多次迭代，因此也难以应用在实际的编码系统中。

为了避免增加编码器的复杂度，有学者提出了基于时域依赖性的率失真优化方法。该类方法是基于编码过程中的空域依赖性往往远小于时域依赖性，从而在求解过程中忽略空域依赖性，充分挖掘编码单元间存在的时域依赖性，这类方法可以取得良好的编码性能。这里主要介绍文献［160］提出的时域依赖率失真优化方法，为后续章节做铺垫。

在实际编码过程中，编码器按光栅扫描的顺序对 CTU 依次编码，在每个 CTU 中按"之"字形对每个 CU 编码。假设当前已编码了 $i-1$ 个编码单元，对于第 i 个编码单元，考虑到其对后续编码单元的影响，式（2-12）可改写为

$$\min_{s_i, \cdots, s_N} \sum_{j=i}^{N} D_j(s_1', \cdots, s_{i-1}', s_i, \cdots, s_j) + \lambda \sum_{j=i}^{N} R_j(s_1', \cdots, s_{i-1}', s_i, \cdots, s_j)$$

$$(2\text{-}28)$$

在式（2-28）中，为了区别已编码和未编码 CU 的编码参数，前 $i-1$ 个已编码 CU 的编码参数用 s' 表示。显然，式（2-28）依旧是一个多元变量优化问题，其求解过程仍然极其复杂。为了进一步简化，假设从第 $i+1$ 个到第 N 个 CU 已取得最优编码参数的情况下，式（2-28）所示的多元变量优化问题可转化为单变量优化问题。具体可表示为

$$\min_{s_i} \sum_{j=i}^{N} D_j(s_1', \cdots, s_{i-1}', s_i, s_{i+1}^*, \cdots, s_j^*) + \lambda \sum_{j=i}^{N} R_j(s_1', \cdots, s_{i-1}', s_i, s_{i+1}^*, \cdots, s_j^*)$$

$$(2\text{-}29)$$

在式（2-29）中，从第 $i+1$ 个 CU 起，后续的编码单元的最优编码参数用 s^* 表示。在视频编码时，视频序列中第一个 CU 必须采用帧内预测技术。由于该 CU 的左侧和上方没有重建参考像素，所以现有视频编码器采用一个常数（往往设为 128）作为第一个 CU 的预测值。虽然第一个 CU 的预测过程可视为独立的，但其他编码参数（如 QP 和量化系数等）仍可由式（2-29）来表述。由于已编码单元的编码参数与第 i 个 CU 无关，因此，式

（2-29）可进一步改写为

$$\min_{s_i} \sum_{j=i}^{N} D_j \left(s_i, \ s_{i+1}^{*}, \ \cdots, \ s_j^{*} \right) + \lambda \sum_{j=i}^{N} R_j \left(s_i, \ s_{i+1}^{*}, \ \cdots, \ s_j^{*} \right) \quad (2\text{-}30)$$

从式（2-28）到式（2-30），虽然多元变量优化问题已逐步简化为单变量优化问题，但各编码单元之间的编码失真与比特消耗仍然相互耦合，使得式（2-30）的问题求解仍然非常困难。在视频编码过程中，当前编码单元的比特消耗包含了编码参数和量化系数两个部分，而量化系数也由编码参数决定，因此可认为当前编码单元的比特消耗只与当前 CU 的编码参数有关，进而可得

$$R_i(s_1, \ \cdots, \ s_i) = R_i(s_i) \quad (2\text{-}31)$$

在求解第 i 个 CU 的最优编码参数时，结合式（2-31）所示关系，式（2-30）可进一步简化为

$$\min_{s_i} \sum_{j=i}^{N} D_j \left(s_i, \ s_{i+1}^{*}, \ \cdots, \ s_j^{*} \right) + \lambda R_i \left(s_i \right) \quad (2\text{-}32)$$

此时，式（2-32）将全局率失真优化问题转化为时域依赖率失真优化问题，即求解当前第 i 个 CU 的最优编码参数 s_i，使得在编码器选择编码参数 s_i 时，当前 CU 的比特消耗、编码失真及其对后续编码单元的时域扩散失真总和最小。沿用文献［160］的思想，文献［161-163］充分考虑了 HEVC 的新特性，相继提出了在低延迟和随机接入配置下的时域依赖率失真优化算法，并取得了良好的编码性能。文献［164］考虑到帧间的时域依赖性，提出了帧级比特分配优化算法，在 HEVC 码率控制应用中取得了良好的性能。

2.7 本章小结

本章介绍了视频编码标准中的关键技术，包括视频编码框架、帧内预测、帧间预测、变换编码及率失真优化技术，详细阐述了基于高斯分布、拉普拉斯分布和柯西分布的率失真模型，并对率失真优化的相关研究做了介绍。

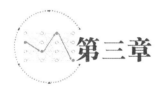

第三章

低复杂度帧内多核变换

　　随着电子技术的飞速发展，人们对获得逼真自然场景的高清视频的需求越来越高。然而，伴随着视频分辨率和质量的提升，视频的数据量也随之飞速增长，给视频的存储和传输带来了巨大压力。为了进一步提升视频编码效率，尤其对于高清和超高清视频，研究者们已经提出了许多预测和变换技术，如增加帧内角度预测模式数量和自适应多核变换等。与 HEVC 相比，新的视频编码技术虽然能取得更高的编码性能，但编码复杂度也随之增大。针对该问题，本章从率失真优化的角度归纳了编码复杂度和编码性能之间的关系，提出了相邻帧内角度模式的变换核选择方法。该方法在降低编码复杂度的同时保持了编码性能，从而更好地平衡了编码性能和编码复杂度之间的关系。

3.1 问题描述

　　第二章已对相关的帧内预测和变换技术作了介绍。可以看出，增加帧内预测模式和变换核的数量可以提升帧内编码效率，但编码器的复杂度也会随之大幅增加。本章从视频编码的核心技术——率失真优化的角度出发，将编码复杂度引入帧内编码的模式判决及变换核选择中，以更好地平衡编码效率和编码复杂度。

在帧内编码中，当前编码块的预测块由其上方和左侧的重建像素得到，原始编码块与预测块的差即为残差块，对残差块进行变换、量化和熵编码后得到码流。第二章中已阐明，视频编码器采用可分离变换，因而在水平和垂直方向可选用不同的变换核，具体可表示为

$$C = Q_V X Q_H \tag{3-1}$$

在式（3-1）中，C 为变换系数；Q_H 和 Q_V 为水平和垂直方向的变换核；X 为预测残差块。在后续的小节中，由水平和垂直变换核组成的变换组合用 $T(Q_H, Q_V)$ 表示。编码器采用增加变换核数量的方式提升编码效率时，会导致水平和垂直方向变换核的组合成倍增加。

为了得到最优的帧内预测模式和变换组合 T，现有的视频编码器采用暴力搜索的方式，通过比较不同的帧内预测模式及变换组合 T 的率失真代价，选取率失真代价最小的帧内预测模式和变换组合作为当前 CU 的最优编码参数。整个过程可用经典的率失真优化问题来描述[160]

$$\arg \min_{o \in \Omega} J = D(o) + \lambda \cdot R(o) \tag{3-2}$$

在式（3-2）中，Ω 为当前编码单元的可选参数集；o 为当前编码单元的编码参数；D 和 R 为在当前编码参数 o 下的编码失真和比特消耗；λ 为拉格朗日乘子；J 为相应的率失真代价。通过式（3-2）可以得到当前编码单元率失真代价最小的编码参数，包括预测模式、变换组合 T 和量化参数等。

在帧内编码的预测及后续的变换核选择过程中，其他编码参数都已确定。因此，式（3-2）可进一步简化为一个二元离散变量优化问题，即

$$\min J(MT) = D(MT) + \lambda \cdot R(MT)$$
$$s.t.\, M \in \{M_i \mid i = 1, \cdots, 67\} \tag{3-3}$$
$$T \in T_S,\, T_S = \{T_j \mid j = 1, \cdots, N_T\}$$

在式（3-3）中，M 和 T 分别代表当前编码单元的预测模式和变换组合；D，R 和 J 分别表示在当前预测模式 M 和变换组合 T 下的编码失真、比特消耗和率失真代价。帧内预测模式有 67 种，可选的变换组合也存在多种。在式（3-3）中，所有可选变换组合的集合用 T_S 表示，T_S 中有 N_T 个元

素。对于每个预测模式 M，视频编码器需要遍历搜索集合 T_S 中的每个元素，需要 N_T 次 RDO 过程。而在编码过程中，RDO 耗费的时间约占总编码时间的 50%。因此，可以用 RDO 的次数来衡量编码复杂度。从式（3-3）中可以得出，编码器的时间复杂度与集合 T_S 中的元素个数成正比。而集合 T_S 中的元素即为变换组合 T，T 的个数与变换核的数量有关。以 AMT 为例，AMT 中一共采用了 5 种变换核，即存在 25 种变换组合方式。为了降低编码复杂度，AMT 根据帧内预测模式的预测残差分布特性，将每个帧内预测模式的变换候选集中的元素数量减少到 4 个，进而减少了 RDO 的次数。

3.2 相邻帧内预测模式下的变换核对偶互换机制

视频编码器通过式（3-3）求解最优的预测模式和变化组合时，要先确定帧内预测模式，再选择变换组合。由此可知，帧内预测模式和变换组合的选择是两个独立的过程，因此可将预测模式 M 和变换组合 T 视为两个独立的离散变量。给定帧内预测模式 M，式（3-3）可进一步简化为一元离散变量优化问题

$$\min J_M(T) = D_M(T) + \lambda \cdot R_M(T)$$
$$s.t.\ T \in T_S,\ T_S = \{T_j \mid j = 1,\ \cdots,\ N_T\} \tag{3-4}$$

式中，D_M、R_M 和 J_M 分别表示已知当前预测模式 M 在变换组合 T 下的编码失真、比特消耗和率失真代价。

通过式（3-4），可得到当前编码单元在帧内预测模式 M 下的最优变换组合 T。假设存在相邻的帧内预测模式 M_1 和 M_2，利用式（3-4）可得相应的最优变换组合，分别用 T_1^* 和 T_2^* 表示，则相应的率失真代价可写为

$$J_{M_1}^{\min} = J(M_1 T_1^*)$$
$$J_{M_2}^{\min} = J(M_2 T_2^*) \tag{3-5}$$

比较式（3-5）中的率失真代价，可选出相邻帧内预测模式间最优的预测模式 M^* 和变换组合 T^*，即

$$J(M^*, T^*) = \min(J_{M_1}^{\min}, J_{M_2}^{\min}) \qquad (3\text{-}6)$$

虽然由式（3-5）和式（3-6）可得到相邻帧内预测模式间的最优预测模式和变换组合，但编码复杂度仍然较高，需要 $2N_T$ 次 RDO 过程。另外，由式（3-4）可以看出，相邻帧内预测模式的变换集合 T_S 是同一个集合。为进一步减少 RDO 次数，将集合 T_S 划分为 T_{S_1} 和 T_{S_2} 两个部分，使得集合 T_{S_1} 为集合 T_{S_2} 的补集，具体可表示为

$$T_{S_1} = T_S - T_{S_2} \qquad (3\text{-}7)$$

将 T_{S_1} 和 T_{S_2} 分别分配给相邻帧内预测模式 M_1 和 M_2，由此可减少相邻帧内预测模式 M_1 和 M_2 搜索变换核的总 RDO 次数。对于相邻帧内预测模式 M_1 和 M_2，式（3-4）可分别写为

$$\min J_{M_1}(T) = D_{M_1}(T) + \lambda \cdot R_{M_1}(T)$$
$$s.t.\ T \in T_{S_1} \qquad (3\text{-}8)$$

$$\min J_{M_2}(T) = D_{M_2}(T) + \lambda \cdot R_{M_2}(T)$$
$$s.t.\ T \in T_{S_2} \qquad (3\text{-}9)$$

由式（3-8）和式（3-9）可得到相邻帧内预测模式 M_1 和 M_2 在不同变换集下的最小率失真代价 $\bar{J}_{M_1}^{\min}$ 和 $\bar{J}_{M_2}^{\min}$，进而可选出最小率失真代价下的帧内预测模式 $\bar{M}^*$ 和变换组合 $\bar{T}^*$。具体可表示为

$$J(\bar{M}^* \bar{T}^*) = \min(\bar{J}_{M_1}^{\min} \bar{J}_{M_2}^{\min}) \qquad (3\text{-}10)$$

易知，由式（3-8）、式（3-9）和式（3-10）得到的最佳帧内预测模式 $\bar{M}^*$ 和变换组合 $\bar{T}^*$ 一共只需要 N_T 次 RDO 过程，而由式（3-4）和式（3-5）得到最佳帧内预测模式需要 $2N_T$ 次 RDO 过程，采用新方法需要的 RDO 搜索次数可减少一半。

在式（3-8）和式（3-9）中，相邻帧内预测模式采用了不同的变换组合集合，本书将这种变换核分配策略称为对偶互换机制。由此，根据对偶

互换机制，当每个帧内预测模式只有一个变换组合候选时，相邻帧内预测模式应采用不同的变换组合。假如帧内预测模式 M_1 的变换组合为 $T(Q_HQ_V)$，则其相邻预测模式 M_2 的变换组合可写为 $T(Q_VQ_H)$。

由于集合 T_{S_1} 和集合 T_{S_2} 只是变换组合集合 T_S 的子集，与式（3-4）和式（3-5）所示的 RDO 搜索过程相比，在某些情况下，式（3-8）、式（3-9）和式（3-10）将得不到最优解。换而言之，由式（3-10）得到的最小率失真代价将大于或等于由式（3-6）得到的最小率失真代价，具体可表示为

$$J(\bar{M}^*, \bar{T}^*) \geqslant J(M^*, T^*) \tag{3-11}$$

当式（3-11）取等号时，由对偶互换机制〔根据式（3-8）、式（3-9）和式（3-10）〕得到的最佳帧内预测模式 $\bar{M}^*$ 和变换组合 $\bar{T}^*$ 与由 AMT〔根据式（3-4）和式（3-5）〕取得的最优帧内预测模式 M^* 和变换组合 T^* 存在以下关系：

$$\begin{aligned} \bar{M}^* &= M^* \\ \bar{T}^* &= T^* \end{aligned} \tag{3-12}$$

此时，编码器仅需 N_T 次 RDO 过程即可得到原先需要 $2N_T$ 次 RDO 过程的结果。另外，在该条件下，可推断出最优预测模式 M^* 下的最优变换组合 T^* 在划分后的子集内。假设最优预测模式为 M_1，则最优的变换组合 T^* 必在集合 T_{S_1} 内。

当式（3-11）取不等号时，与原始算法相比，由对偶互换机制求得的帧内预测模式和变换组合是次优的。同时可推断出，由原始算法求得的最优预测模式 M^* 对应的最优变换组合 T^* 必不在划分后的子集内。此处同样假设最优预测模式为 M_1，则最优的变换组合 T^* 必不在集合 T_{S_1} 内。

为了更清晰地描述对偶互换机制在相邻帧内预测模式下求得的最优解，表 3-1 列举了由对偶互换机制求得的最佳帧内预测模式 $\bar{M}^*$ 和最佳变换组合 $\bar{T}^*$ 存在的 4 种情况。在后续的推导中，仍假设最优的帧内预测模式为 M_1。

表 3-1　对偶互换机制可能选出的帧内预测模式和变换组合

可能出现的结果类别	最佳帧内预测模式 $\bar{M}^*$	最佳变换组合 $\bar{T}^*$
1	M_1	T^*
2	M_1	$\bar{T}_1^*$
3	M_2	$\bar{T}_2^*$
4	M_2	T^*

在表 3-1 中，类别 1 为式（3-11）取等号时的情况，类别 2 ~ 类别 4 为式（3-11）取不等号时的情况，$\bar{T}_1^*$ 和 $\bar{T}_2^*$ 分别代表从集合 T_{S_1} 和集合 T_{S_2} 中求得的最佳变换组合。由表 3-1 可进一步推出

$$J(M_1T^*) \leqslant J(\bar{M}^*\bar{T}^*) \leqslant J(M_2T^*) \tag{3-13}$$

式（3-13）中率失真代价 $J(M_1T^*)$ 等于式（3-6）中 $J(M^*T^*)$。同时，从式（3-13）中可以发现，由对偶互换机制求得的率失真代价介于 $J(M_1T^*)$ 和 $J(M_2T^*)$ 之间。因此，本节将对率失真代价 $J(M_1T^*)$ 和 $J(M_2T^*)$ 之间的取值差异进行探讨。

从图 2-6（b）中可以看出，最新提出的帧内预测方法中的相邻帧内预测方向之间的夹角较小（约为 8 度），进而可推测出相邻帧内预测模式的预测残差具有相似的分布特性。在相同的变换组合下，相邻帧内预测模式的率失真代价相近，即

$$J(M_1, T) \approx J(M_2, T) \tag{3-14}$$

由式（3-14）可知，率失真代价 $J(M_1, T^*)$ 和 $J(M_2, T^*)$ 近似。进而可推测出，表 3-1 中的类别 2 ~ 类别 4 可取得相似的率失真代价，对偶互换机制将取得与原始算法接近的编码性能。当式（3-14）不成立时，即

$$J(M_1, T) \ll J(M_2, T) \tag{3-15}$$

此时，与 AMT 相比，相邻帧内预测模式下对偶互换机制的性能最差。

3.3 相邻帧内预测模式变换核选择

常用的正交变换核包含 8 种离散余弦变换核和 8 种离散正弦变换核，分别是 DCT-1，…，DCT-8 和 DST-1，…，DST-8。表 3-2 展示了 5 种变换核的基函数。同时，图 3-1 展示了 DCT-2、DCT-8 和 DST-7 这 3 种变换核的基函数在 64 点输入时的函数变化趋势。

表 3-2　五种变换核基函数

变换核	基函数 $T_i(j)$
DCT-2	$T_i(j) = \omega_0 \sqrt{\dfrac{2}{N}} \cdot \cos\left(\dfrac{\pi \cdot i \cdot (2j+1)}{2N}\right),\ \omega_0 = \begin{cases} \sqrt{\dfrac{2}{N}}, & i=0 \\ 1, & i \neq 0 \end{cases}$
DCT-5	$T_i(j) = \omega_0 \cdot \omega_1 \sqrt{\dfrac{2}{2N-1}} \cdot \cos\left(\dfrac{\pi \cdot ij}{2N-1}\right),$ $\omega_0 = \begin{cases} \sqrt{\dfrac{2}{N}}, & i=0 \\ i, & i \neq 0 \end{cases},\ \omega_1 = \begin{cases} \sqrt{\dfrac{2}{N}}, & j=0 \\ 1, & j \neq 0 \end{cases}$
DCT-8	$T_i(j) = \sqrt{\dfrac{4}{2N+1}} \cdot \cos\left(\dfrac{\pi \cdot (2i+1) \cdot (2j+1)}{4N+2}\right)$
DCT-1	$T_i(j) = \sqrt{\dfrac{2}{N+1}} \cdot \sin\left(\dfrac{\pi \cdot (i+1) \cdot (j+1)}{N+1}\right)$
DST-7	$T_i(j) = \sqrt{\dfrac{4}{2N+1}} \cdot \sin\left(\dfrac{\pi \cdot (2i+1) \cdot (j+1)}{2N+1}\right)$

注：$i, j = 0, 1, \cdots, N-1$。

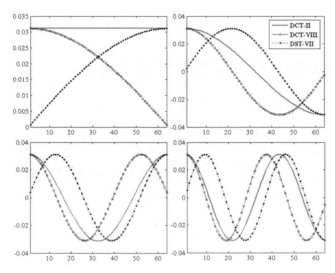

图 3-1 64 点输入时的 DCT-2、DST-7 以及 DCT-8 的基函数

从图 3-1 中可以看出，变换核 DST-7 为一个变换矩阵，该矩阵中第一行从左到右数值逐渐变大，第一列从上到下数值也是逐渐变大，DST-7 适合处理残差在某个方向上逐渐变大的情况[165]。变换核 DCT-2 为一个变换矩阵，该矩阵中第一行从左到右数值一样，DCT-2 适合处理残差在某个方向上平稳变化的情况。DCT-8 适用于逐渐减小的数据样本。

为了降低编码复杂度，本书在设计变换核选择算法时仅采用了两种变换核，即 DCT-2 和 DST-7。已有研究证明，DCT-2 和 DST-7 具有良好的变换性能，可以使变换后的信号能量更加集中。同时，本书对 AMT 中采用的 5 种变换核被选情况进行了统计，表 3-3 展示了 8 个视频序列 "CampfireParty" "Drums 100" "RaceHorses" "Rollercoaster" "BasketballDrill" "SlideEditing" "SlideShow" 和 "RaceHorsesC" 的统计结果。

表 3-3 AMT 在水平和垂直方向的变换核被选概率统计结果

（单位:%）

变换核方向	DCT-2	DCT-5	DCT-8	DST-1	DST-7
水平	47.22	4.69	9.76	9.67	28.66
垂直	47.22	4.94	9.52	9.68	28.65

从表 3-3 中可以看出，DCT-2 和 DST-7 被选择的概率总和超过了 70%，因此本书选择 DCT-2 和 DST-7 作为算法的变换核候选。此时，每个帧内预测模式的变换组合种类降低为 4 种。为了进一步减少编码器的 RDO 搜索次数，同时保证编码性能，本书沿用模式依赖变换的思想，根据每个帧内预测模式的残差特性，结合对偶互换机制，提出相邻帧内预测模式依赖变换选择方法。

3.3.1 模式依赖变换核选择

由于帧内预测模式数量多达 67 种，相邻角度预测模式的预测方向夹角较小。本小节将着重对 7 种典型的预测模式进行分析，分别为 Planar、DC、模式 2、模式 18、模式 34、模式 50 和模式 66。模式 2、模式 18、模式 34、模式 50 和模式 66 分别用 "DIA1" "HOR" "VER" "VDIA" 和 "DIA2" 表示。表 3-4 中列出了上述 7 种预测模式在全帧内配置下的被选概率统计结果。表 3-4 中的统计结果同样由表 3-3 的实验得到。

表 3-4 7 种帧内预测模式被选概率统计结果

（单位:%）

帧内模式	Planar	DC	DIA1	HOR	VER	VDIA	DIA2
被选概率	15.50	53.06	1.61	2.49	3.77	0.55	1.34

从表 3-4 中可以发现，7 种预测模式的被选概率超过 80%，其中 Planar 和 DC 被选概率的总和接近 70%。因此，上述 7 种预测模式的变换核设计是整个模式依赖变换设计的关键，尤其是 Planar 和 DC 模式。

模式依赖变换的核心思想是利用帧内预测残差可能会呈现出方向性，本书沿用模式依赖变换的思想，统计了 6 种帧内预测模式的预测残差分布，即 Planar、DC、HOR、VER、VDIA 和 DIA1。图 3-1 展示了在上述 6 种帧内预测模式时，尺寸为 8×8 大小的预测残差块的分布特性，并以热图的形式展现出来。从图 3-2 中可以看出，以上 6 种预测模式的残差呈现出一定的方向性。残差热图可由以下三个步骤得到：（1）统计在选择同一帧内预测模式时固定尺寸残差块 R 的个数 N；（2）求取在选择同一帧内预测模式时固定尺寸预测残差块的均值 A，具体见式（3-16）；（3）对各帧内预测模式下的均值 A 做归一化处理，既得热图 H，具体见式（3-17）。

$$A = \frac{1}{N}\sum_{i=1}^{N}|R_i| \tag{3-16}$$

$$H = \frac{A - \min(A)}{\max(A) - \min(A)} \tag{3-17}$$

式（3-17）中，min（）和 max（）分别为取矩阵中最小和最大元素操作。从图 3-2 中可观察到如下现象：对于 Planar 和 VDIA 模式，残差从左到右从上到下呈现出增大趋势；与之相比，DC 模式下残差的分布规律则不明显；对于 HOR 模式，残差从左到右呈现增大的趋势，从上到下的变化趋势不明显；对于 VER 模式，残差从上到下呈现增大趋势，从左到右变化趋势不明显；对于 DIA1 模式，残差在水平和垂直方向的变化趋势都不明显。本书根据上述观测结果，结合 DCT-2 和 DST-7 的变换核特性，设计了以上 6 种帧内预测模式的水平和垂直变换核查找表，具体可见表 3-5。

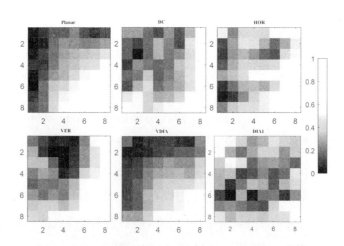

图 3-2　6 种帧内预测模式的残差分布特性示意图

残差被归一化为 0 到 1 的小数，数值越大代表残差越大。残差来自测试序列 BasketballDrill 的统计结果。

表 3-5　帧内预测残差分布特性变化趋势及水平和垂直变换核设置

帧内模式	水平方向	垂直方向	HorT	VerT
Planar	↗	↗	DST-7	DST-7
VDIA	↗	↗	DST-7	DST-7
DC	−	−	DCT-2	DCT-2
HOR	↗	−	DST-7	DCT-2
VER	−	↗	DCT-2	DST-7
DIA1	−	−	DCT-2	DCT-2

在表 3-5 中,"↗"代表预测残差呈现增大趋势,"−"代表预测残差呈现不规则变化趋势。有研究表明,DST-7 对增大趋势的信号有较高的变换效率,DCT-2 则对不规则变化趋势的信号有较高的变换效率[165]。根据图 3-2 中所示的残差分布特性,水平和垂直方向的变换核可设置为表 3-5 中所示情况。

虽然图 3-2 展示了帧内预测残差的方向性,但该结果只是由一个测试序列 BasketballDrill 得到的统计结果,为了增加表 3-5 的鲁棒性,本书统计了在其他 7 个测试序列("CampfireParty""Drums100""RaceHorses""Rollercoaster""SlideEditing""SlideShow"和"RaceHorsesC")下这 6 种模式的变换核被选概率,具体统计结果见表 3-6。

表 3-6　6 种帧内预测模式在水平和垂直方向的变换核被选概率统计结果

(单位:%)

帧内模式	水平方向		垂直方向	
	DCT-2	DST-7	DCT-2	DST-7
Planar	4.75	4.23	4.75	4.22
DC	63.33	1.61	63.33	1.60
VDIA	0.45	0.70	0.45	0.70
HOR	0.15	0.23	0.15	0.19
VER	0.26	0.38	0.26	0.29
DIA1	0.52	11.40	0.52	12.20

由表 3-6 可以看出,在 DC 和 DIA1 模式下,DCT-2 和 DST-7 的被选概率差异较大。从图 3-2 中可观测到,DC 模式的残差分布在水平和垂直方向

呈现不规则变化趋势，与表 3-6 中 DC 模式的变换核被选概率统计结果保持一致，而 DIA1 模式的变换核被选概率统计结果则与图 3-2 中观测的结果不同。因此，本书对表 3-5 中 DIA1 模式的变换核做了修正，将 DIA1 的水平和垂直变换核统一设置为 DST-7。另外，由于表 3-6 中对 Planar、HOR、VER 和 VDIA 的统计结果不能明确说明变换核与帧内预测模式之间的关系。为了更加明确地展示上述 4 种帧内预测模式的变换核被选情况，表 3-7 展示了这 4 种帧内预测模式在水平和垂直方向的变换核联合被选概率。

表 3-7　四种帧内预测模式在水平和垂直方向的变换核联合被选概率

（单位:%）

Q_H 和 Q_V 选择情况	Planar	HOR	VER	VDIA
相同	27.25	20.32	25.44	27.80
相异	26.65	25.64	27.75	25.19

从表 3-7 中可以看出，Planar 和 VDIA 模式在水平和垂直方向选取相同变换核的概率较大，而 HOR 和 VER 模式在水平和垂直方向选取不同的变换核的概率较大。根据这一统计结果和图 3-2 中所示残差分布结果，我们设计了帧内预测模式依赖变换核查找表，见表 3-8。表 3-8 中，将 VDIA 附近的模式（即模式 31～37）归为一类，HOR 附近的模式（即模式 2～30）归为一类，VER 附近的模式（即模式 38～66）归为一类。这里类别划分的依据为，假设同一类的帧内预测模式具有相同的残差分布特性。图 3-3 展示了表 3-8 在水平和垂直方向的变换核分布示意图，图中水平方向和垂直方向的变换核分别用 HorT 和 VerT 表示。

表 3-8　帧内预测模式依赖变换核查找表

帧内模式	HorT	VerT
Planar	DST-7	DST-7
DC	DCT-2	DCT-2
2～30	DST-7	DCT-2
31～37	DST-7	DST-7
38～66	DCT-2	DST-7

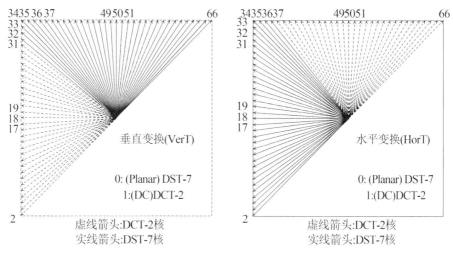

图 3-3　亮度分量模式和变换核的映射表

3.3.2　基于对偶互换机制的亮度分量变换核选择

结合表 3-8 和对偶互换机制，亮度分量的模式依赖变换核查找表见表 3-9。从表 3-9 中可以看出，角度预测模式 2～66 中的奇模式和偶模式在水平和垂直方向上分别采用不同的变换核，其中一部分相邻的奇模式和偶模式的水平和垂直方向的变换核发生了互换。图 3-4 展示了表 3-9 在水平和垂直方向的变换核分布示意图。

表 3-9　亮度分量模式依赖变换核查找表

帧内模式	HorT	VerT
Planar	DST-7	DST-7
DC	DCT-2	DCT-2
2～30 中奇模式	DCT-2	DST-7
2～30 中偶模式	DST-7	DCT-2
31～37	DST-7	DST-7
38～66 中奇模式	DST-7	DCT-2
38～66 中偶模式	DCT-2	DST-7

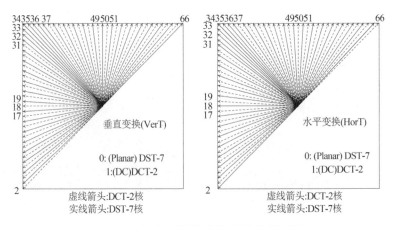

图 3-4　亮度分量模式和变换核的映射

3.3.3　色度分量变换核选择

随着新的预测技术被引入，如 CCLM、线性模型（linear model，LM）等，色度分量的残差分布特性发生了变化，而之前色度分量的变换方法只采用 DCT-2，使得色度分量的编码效率较低。本章的测试视频序列亮度和色度分量的采样比例为 4：2：0，该采样格式下色度分量的宽和高仅为亮度分量的一半。通过统计色度分量的残差分布可以发现，当色度分量块尺寸超过 16×16 时，所有帧内预测模式下的残差分布在水平和垂直方向呈不规则变化。图 3-5 展示了 HOR 模式在尺寸为 32×32 和 16×16 下的残差分布热图。

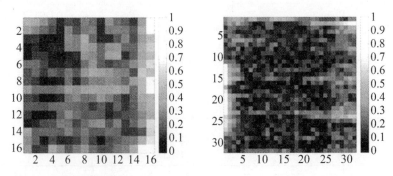

图 3-5　HOR 模式下尺寸为 32×32 和 16×16 的残差分布特性示意图

残差被归一化为 0 到 1 的小数，数值越大代表残差越大。残差来自测试序列 BasketballPass 的统计结果

从图 3-5 中可以看出，当色度分量块尺寸为 16×16 时，残差变化趋势呈现从左到右增大的趋势；当块尺寸为 32×32 时，残差的变化趋势则不明显。因此，我们针对色度分量设计了帧内预测模式的变换核选择方法，该方法采用了 DCT-2 和 DST-7 两种变换核候选，同时根据色度分量编码块的尺寸设计了相应的变换核查找表，具体见表 3-10。从表 3-10 中可以发现，色度分量块尺寸和预测模式同时决定了色度分量的变换核选择。当视频的色度分量被下采样时，尺寸对色度分量的变换核选择同样起着至关重要的作用。对于尺寸不超过 16×16 的残差块，通常仍旧按照表 3-5 中的 6 种预测模式的变换核设置。因此，本书仅对几个特定的帧内预测模式采用 DCT-2 和 DST-7，其他模式都用 DCT-2 进行变换。

表 3-10　色度分量变换核设置

帧内预测模式	块尺寸	水平变换核	垂直变换核
LM	不超过 8×8	DST-7	DST-7
Planar	不超过 16×16	DST-7	DST-7
HOR	宽度不超过 16	DST-7	DCT-2
VER	高度不超过 16	DCT-2	DST-7
DIA1	高度不超过 16	DCT7	DST-7
VDIA	不超过 16×16	DST-7	DST-7
2	宽度不超过 16	DST-7	DCT-2
其他模式		DCT-2	DCT-2

3.3.4　基于对偶互换机制的模式依赖变换

前两个小节中给出了基于对偶互换机制的亮度分量的模式依赖变换核设置（详见表 3-8）及色度分量的变换核设置（详见表 3-10）。将表 3-8 和表 3-10 结合即本书提出的基于对偶互换机制的模式依赖变换方法，记为

MCT（）。与 AMT 相比，MCT 不需要额外的标志位，仅需一次 RDO 过程即可为当前 TU 的水平和垂直方向分配变换核。虽然可极大地降低编码复杂度，但编码效率也随之降低。此外，本书在 MCT 的基础上提出了改进算法，记为 MCTF，MCTF 增加了亮度分量变换核候选数量，提升了编码性能，但需要向解码端传输一位标志位。MCTF 在亮度分量上增加的变换核见表 3-11。后续3.4.2 小节的消融实验部分将展示表 3-11 的有效性。

表 3-11　亮度分量变换核的映射表

帧内模式	Q_H	Q_V
Planar	DCT-2	DCT-2
DC	DST-7	DST-7
2～30 中奇模式	DST-7	DST-7
2～30 中偶模式	DCT-2	DCT-2
31～37	DCT-2	DCT-2
38～66 中奇模式	DST-7	DST-7
38～66 中偶模式	DST-7	DCT-2

3.4　实验结果

为了验证算法的有效性，本书采用 JEM-7.0 作为算法实验平台[166]。仿真实验按照 JVET 提出的通用测试条件执行[167]。在仿真实验中，总共有 24 个通用测试视频序列，被划分为 6 个类别（ClassA1、Class A2、Class B、ClassC、Class D、Class E），视频的尺寸范围从 416×240 到 4096×2160。

3.4.1　实验设置

编码器采用全帧内配置，并通过 4 个 QP 测点{22，27，32，37}对 24 个

通用测试序列进行压缩。本书采用 BD-rate 来衡量编码性能。BD-rate 表示在相同重建质量下的比特节省[168]。当 BD-rate 的值为负时，对比算法比参照算法取得了更好的率失真性能；反之，则对比算法没有参照算法的率失真性能高。编码时间复杂度用编码时间比率 TR 表示，可用式（3-18）计算

$$TR = \frac{T_T}{T_A} \times 100\% \qquad (3\text{-}18)$$

在式（3-18）中，T_T 为对比算法的编码耗费时间；T_A 为参照算法的编码耗费时间。本书的参照算法基于 JEM-7.0，用"JEM-7.0"表示。由于 JEM 采用了多种先进的编码工具，为了保证实验的公平性，在参照算法中，JEM-7.0 中的相关变换方法被设置为未开启状态，包括 AMT、SDT、二次变换等。同时，为了尽可能保证编码时间测试的公平性，所有算法都在相同载荷下运行。

3.4.3 消融实验

为了验证 MCT 及 MCTF 中水平和垂直变换核设置的有效性，我们设计了 8 项消融实验。首先，为了验证表 3-8 的有效性，根据亮度分量及色度分量的残差分布特性，设计了亮度分量变换核的映射表和色度分量变换核设置，具体见表 3-12、表 3-13、表 3-14 和表 3-15。

表 3-12　亮度分量变换核的映射表

帧内模式	Q_H	Q_V
0 ~ 66	DCT-2	DCT-2

表 3-13　亮度分量变换核的映射表

帧内模式	Q_H	Q_V
Plannar 和 2 ~ 66	DCT-2	DCT-2
DC	DST-7	DST-7

表 3-14   亮度分量变换核的映射表

帧内模式	Q_H	Q_V
Planar	DST-7	DST-7
DC	DCT-2	DCT-2
2 ~ 16	DST-7	DCT-2
17 ~ 19	DCT-2	DST-7
20 ~ 30	DST-7	DCT-2
31 ~ 37	DST-7	DST-7
38 ~ 48	DCT-2	DST-7
49 ~ 51	DST-7	DCT-2
51 ~ 66	DCT-2	DCT-2

表 3-15   色度分量变换核设置

帧内预测模式	块尺寸	水平变换核	垂直变换核
LM	不超过 8×8	DST-7	DST-7
Planar	不超过 16×16	DST-7	DST-7
HOR	宽度不超过 16	DST-7	DCT-2
VER	高度不超过 16	DCT-2	DST-7
VDIA	不超过 16×16	DST-7	DST-7
其他模式		DCT-2	DCT-2

对于亮度分量，表 3-12 采用的变换核设置方法与 HEVC 相似，即对所有模式的水平和垂直方向均采用 DCT-2 变换核。表 3-13 则在表 3-12 的基础上，考虑了 DC 模式的残差分布特性，将 DC 模式的水平和垂直方向的变换核设置为 DST-7。表 3-14 考虑了亮度分量在垂直（ver，50）和水平（hor，18）方向上残差的不同，结合变换核的特点选择 DCT/DST 变换。对于色度分量，表 3-15 与表 3-10 的主要区别在于表 3-15 未考虑模式 2 和 DIA1 的残差分布特性。

结合表 3-8、表 3-9、表 3-10 和表 3-11，我们设计了 11 项消融实验，每项消融实验所采用的变换核设置方法见表 3-16。从表 3-16 中可以看出，根据变换核设置方法是否需要标志位信息，可将消融实验分为两类。为了区分两种方法，表 3-17 和表 3-18 分别展示了不带标志位和带标志位情况下的实验结果。

表 3-16　消融实验变换核设置方案

方案	Luma 映射表	Chroma 映射表	标志位
1	表 3-7	无	0
2	表 3-7	表 3-15	0
3	表 3-14	表 3-15	0
4	表 3-9	无	0
5	表 3-9	表 3-15	0
6（MCT）	表 3-9	表 3-10	0
7	表 3-7 和表 3-12	表 3-10	1
8	表 3-7 和表 3-13	表 3-10	1
9	表 3-9 和表 3-12	表 3-10	1

表 3-17　不带标志位情况下消融实验的编码性能（BD-rate）和

编解码时间比率

（单位:%）

测试序列	颜色分量	方案					
		1	2	3	4	5	6（MCT）
Class A1 3840×2160 4096×2160	亮度 Y	−2.13	−2.35	−2.41	−2.51	−2.54	−2.55
	色度 U	−2.46	−3.26	−3.24	−2.27	−3.09	−3.13
	色度 V	−2.55	−3.17	−3.16	−2.47	−3.10	−3.15
Class A2 3840×2160	亮度 Y	−2.41	−2.55	−2.70	−2.78	−2.91	−2.91
	色度 U	−2.81	−3.80	−3.62	−2.60	−3.58	−3.59
	色度 V	−2.79	−3.93	−3.86	−2.57	−3.69	−3.73

测试序列	颜色分量	方案					
		1	2	3	4	5	6（MCT）
Class B 1920×1080	亮度	−1.66	−1.66	−1.74	−1.87	−1.92	−1.93
	色度	−2.19	−2.67	−2.50	−2.01	−2.48	−2.49
	色度 V	−2.25	−2.88	−2.67	−2.02	−2.69	−2.70
Class C 832×480	亮度 Y	−1.15	−1.30	−1.46	−1.48	−1.60	−1.61
	色度 U	−1.48	−1.70	−1.60	−1.29	−1.61	−1.57
	色度 V	1.39	−1.71	−1.64	−1.33	−1.52	−1.58
Class D 416×240	亮度 Y	−0.91	−1.05	−1.17	−1.18	−1.31	−1.32
	色度 U	−1.03	−1.36	−1.24	−1.06	−1.11	−1.25
	色度 V	−1.14	−1.32	−1.20	−1.06	−1.19	−1.24
Class E 1080×768	亮度 Y	−2.16	−2.26	−2.25	−2.38	−2.49	−2.50
	色度 U	−3.06	−3.60	−3.33	−2.83	−3.28	−3.36
	色度 V	−2.86	−3.53	−3.26	−2.57	−3.15	−3.26
总体平均	亮度 Y	−1.74	−1.84	−1.93	−2.01	−2.11	−2.11
	色度 U	−2.14	−2.69	−2.55	−1.98	−2.49	−2.53
	色度 V	−2.14	−2.73	−2.61	−1.98	−2.54	−2.59
编码时间比率		105	105	106	105	107	106
解码时间比率		101	102	102	102	101	102

从表 3-17 中可以看出，方案 1 能够取得的亮度分量平均 BD-rate 增益是 1.74%，色度分量 U 和 V 的平均 BD-rate 增益分别为 2.14% 和 2.14%，编码复杂度为 105%，说明了表 3-7 的有效性。方案 2 能够取得的亮度分量平均 BD-rate 增益是 1.84%，色度分量 U 和 V 的平均 BD-rate 增益分别为 2.69% 和 2.73%，编码复杂度为 105%。与方案 1 相比，方案 2 的色度分量的编码增益提升，说明了考虑色度的帧内模式依赖的变换核选择方法的有效性。方案 3 能够取得的亮度分量平均 BD-rate 增益是 1.93%，色度分量 U

和 V 的平均 BD-rate 增益分别为 2.55% 和 2.61%，编码复杂度为 106%。与方案 2 相比，方案 3 的亮度分量的编码增益进一步提升，说明表 3-14 的编码性能优于表 3-7 的编码性能。方案 4 能够取得的亮度分量平均 BD-rate 增益是 2.01%，色度分量 U 和 V 的平均 BD-rate 增益分别为 1.98% 和 1.98%，编码复杂度为 105%。与方案 3 相比，方案 4 的亮度分量的编码性能提升约 0.1%，说明表 3-9 的编码性能优于表 3-7。方案 5 能够取得的亮度分量平均 BD-rate 增益是 2.11%，色度分量 U 和 V 的平均 BD-rate 增益分别为 2.49% 和 2.54%，编码复杂度为 107%。与方案 4 相比，方案 5 的亮度分量和色度分量的编码增益进一步提升，说明了表 3-15 的有效性。方案 6 能够取得的亮度分量平均 BD-rate 增益是 2.11%，色度分量 U 和 V 的平均 BD-rate 增益分别为 2.53% 和 2.59%，编码复杂度为 107%。与方案 5 相比，方案 6 的色度分量进一步提升，说明了表 3-10 的有效性。

实验结果表明，亮度分量的平均编码性能增益最大可达 2.11%，而且编码复杂度仅为 106%，说明根据帧内编码 Luma 分量预测模式，结合变换核的特点选择 DCT/DST 变换核是有效果的。另外，从实验结果可以发现，采用了可交换帧内模式依赖变换核选择方法的方案 6 可以实现最高的性能，其 Y、U、V 三个分量分别可以实现的 BD-rate 节省为 2.11%、2.53%、2.59%，而编解码复杂度几乎可忽略。

从表 3-18 中可以看出，方案 7 能够取得的亮度分量平均 BD-rate 增益是 2.19%，色度分量 U 和 V 的平均 BD-rate 增益分别为 2.04% 和 2.08%，编码复杂度为 125%。与方案 6 相比，方案 7 的编码性能进一步提升，说明增加亮度分量的变换核候选数量可进一步提升编码性能，虽然增加了 1 个标志位信息，但仍能提升编码性能。方案 8 能够取得的亮度分量平均 BD-rate 增益是 2.22%，色度分量 U 和 V 的平均 BD-rate 增益分别为 1.76% 和 1.83%，编码复杂度为 125%。与方案 7 相比，方案 8 的亮度分量的编码性能进一步提升，说明表 3-13 优于表 3-12 的编码性能。方案 9 能够取得的亮度分量平均 BD-rate 增益是 2.27%，色度分量 U 和 V 的平均 BD-rate 增益分别为 1.93% 和 1.96%，编码复杂度为 125%。与方案 8 相比，亮度分量的编码增益仍可进一步提升，说明表 3-9 比表 3-7 的编码性能更好。方案 10 能够取得的亮度分量平均 BD-rate 增益是 2.28%，色度分量 U 和 V 的平均 BD-rate 增益分别为 1.65% 和 1.71%，编码复杂度为 125%。与方案 9 相比，表 3-9 与表 3-13 的组合方案（方案 10）的编码性能更好。方案 11 能够取得的亮度分量平均 BD-rate 增益是 2.33%，色度分量 U 和 V 的平均 BD-rate 增益分别为 1.53% 和 1.62%，编码复杂度为 125%。与方案 10 相比，方案 11 的亮度分量的编码性能进一步提升，说明表 3-11 比表 3-13 的编码性能更好。

表 3-18　带标志位情况下消融实验的编码性能（BD-rate）和
编解码时间比率

（单位:%）

测试序列	颜色分量	方案					
		7	8	9	10	11（MCTF）	6（MCT）
Class A1 3840×2160 4096×2160	亮度 Y	−2.68	−2.70	−2.77	−2.76	−2.79	−2.55
	色度 U	−2.87	−2.46	−2.79	−2.40	−2.24	−3.13
	色度 V	−2.91	−2.52	−2.78	−2.46	−2.36	−3.15
Class A2 3840×2160	亮度 Y	−2.82	−2.82	−3.00	−2.79	−3.03	−2.91
	色度 U	−3.26	−2.88	−3.16	−2.79	−2.59	−3.59
	色度 V	−3.45	−3.08	−3.33	−2.97	−2.84	−3.73
Class B 1920×1080	亮度 Y	−2.18	−2.17	−2.25	−2.21	−2.23	−1.93
	色度 U	−2.01	−1.67	−1.92	−1.59	−1.50	−2.49
	色度 V	−2.19	−1.87	−2.04	−1.76	−1.71	−2.70
Class C 832×480	亮度 Y	−1.61	−1.73	−1.70	−1.79	−1.87	−1.61
	色度 U	−0.99	−1.73	−1.70	−1.79	−1.87	−1.61
	色度 V	−0.93	−0.77	−0.86	−0.69	−0.62	−1.57
Class D 416×240	亮度 Y	−1.39	−1.52	−1.43	−1.56	−1.63	−1.32
	色度 U	−0.44	−0.28	−0.31	−0.20	−0.15	−1.25
	色度 V	−0.38	−0.29	−0.30	−0.16	−0.12	−1.24

续表

测试序列	颜色分量	方案					
		7	8	9	10	11（MCTF）	6（MCT）
Class E 1080×768	亮度 Y	−2.55	−2.44	−2.53	−2.43	−2.50	−2.50
	色度 U	−2.88	−2.73	−2.75	−2.44	−2.30	−3.36
	色度 V	−2.76	−2.51	−2.50	−2.32	−2.18	−3.26
总体平均	亮度 Y	−2.19	−2.22	−2.27	−2.28	−2.33	−2.11
	色度 U	−2.04	−1.76	−1.93	−1.65	−1.53	−2.53
	色度 V	−2.04	−1.83	−1.96	−1.71	−1.62	−2.59
编码时间比率		125	125	125	125	125	106
解码时间比率		101	101	101	101	100	102

实验结果表明，亮度（Y）分量的平均编码性能增益最大可达 2.33%，且编码复杂度仅为 125%，说明根据帧内编码 Luma 分量预测模式，结合变换核的特点选择 DCT/DST 变换核是有效的。另外，从表 3-18 可以发现，采用了可交换帧内模式依赖变换核选择方法的方案 11 可以实现最高的性能，其 Y、U、V 三个分量分别可以实现 BD-rate 节省 2.33%、1.53%、1.62%，且解码复杂度无变化。

3.4.3 对比方法描述

在仿真实验中，除了参照算法以外，还有 3 种对比算法，分别为 AMT、SDT 和本书提出的算法 MCT 及 MCTF。4 种对比算法的变换核候选及所需的比特标志位信息见表 3-19。

采用不同的算法在相同的测试条件下对 24 个通用测试视频序列进行压缩。需要指出的是，当 AMT 被用在当前 CU 时，会额外产生 2 个比特标志位（标记被选出的变换组合）；当 AMT 没有被采用时，只有 1 个比特标志位来标记当前没有采用 AMT 技术的 CU。因为所有对比算法都可兼容二次变换，所以在对比算法中没有列入二次变换的性能对比。

表 3-19　三种对比算法变换核候选及比特标志位

对比算法	变换核候选		标志位/bit
	亮度分量	色度分量	
AMT	DCT-2、DCT-5、DCT-5、DST-1、DST-7	DCT-2	3 或 1
SDT	KLT、DCT-2、DST-7	DCT-2	1
MCT	DCT-2、DST-7	DCT-2、DST-7	0
MCTF	DCT-2、DST-7	DCT-2、DST-7	1

(3.4.4)　算法性能对比

为了验证算法的编码性能，本节从亮度和色度分量的率失真性能和编解码时间比率两个方面进行对比。表 3-20 展示了 Prop 与其他变换方法的实验结果，表 3-21 展示了 4 种对比算法在 4K 测试视频序列上的实验结果。

表 3-20　三种对比算法的编码性能（BD-rate）和编解码时间比率

（单位:%）

测试序列	颜色分量	AMT[38]	SDT[146]	MCT	MCTF
Class A1 3840×2160 4096×2160	亮度 Y	−4.19	−0.02	−2.55	−2.79
	色度 U	−1.28	−0.06	−3.13	−2.24
	色度 V	−1.93	−0.01	−3.15	−2.36
Class A2 3840×2160	亮度 Y	−4.18	−0.02	−2.91	−3.03
	色度 U	−1.66	−0.02	−3.59	−2.59
	色度 V	−1.71	−0.06	−3.73	−2.84
Class B 1920×1080	亮度 Y	−3.14	−0.03	−1.93	−2.23
	色度 U	−0.71	−0.03	−1.93	−2.23
	色度 V	−0.69	−0.02	−2.70	−1.71

续表

测试序列	颜色分量	AMT[38]	SDT[146]	MCT	MCTF
Class C 832×480	亮度 Y	−2.71	−0.08	−1.61	−1.87
	色度 U	−0.11	−0.04	−1.57	−0.62
	色度 V	−0.16	−0.02	−1.58	−0.62
Class D 416×240	亮度 Y	−2.34	−0.14	−1.32	−1.63
	色度 U	−0.79	−0.09	−0.25	−0.15
	色度 V	−0.86	−0.17	−1.24	−0.12
Class E 1080×768	亮度 Y	−3.49	−0.09	−2.50	−2.50
	色度 U	−1.59	−0.11	−3.36	−2.30
	色度 V	−1.35	−0.19	−3.26	−2.18
总体平均	亮度 Y	−3.38	−0.06	−2.11	−2.33
	色度 U	−0.69	−0.03	−2.53	−1.53
	色度 V	−0.75	−0.07	−2.59	−1.62
编码时间比率		178	98	106	125
解码时间比率		100	101	102	100

从表 3-20 中可以看出，AMT 在亮度分量 Y 上的编码性能最高。与 JEM-7.0 相比，AMT 在亮度分量 Y 上平均可节省 3.38% 的 BD-rate。然而，AMT 的编码时间比 JEM-7.0 增加了 78%。虽然算法 MCT 和 MCTF 在亮度分量上的编码性能无法达到 AMT 的水准，但编码时间大幅降低。与 JEM-7.0 相比，MCT 在亮度分量 Y 上平均可节省 2.11% 的 BD-rate，但编码时间仅增加 6%。同时，在 Class A1 和 Class A2 中的 4K 视频序列上，MCT 在亮度分量上分别可平均节省 2.55% 和 2.91% 的 BD-rate；在色度分量上可取得超过 3% 的 BD-rate 节省。尤其是在 Class A2 上，MCT 在色度分量 U、V 上节省的 BD-rate 分别为 3.59% 和 3.73%。另外，MCT 在色度分量上的平均编码性能明显优于 AMT。与 JEM-7.0 相比，MCT 在两个色度分量 U、V 上节省

的 BD-rate 分别可达 2.53% 和 2.59%。MCTF 在亮度分量 Y 上平均可节省 2.33% 的 BD-rate，但编码时间增加 25%。相对于 AMT，MCT 和 MCTF 在编码性能和编码时间复杂度上能够实现较好平衡。对于算法 SDT，虽然 SDT 的编码时间复杂度最小，但从表 3-20 中可以看出，在全帧内编码配置下，SDT 的编码性能并不理想。与 JEM-7.0 相比，SDT 在亮度分量 Y 和色度分量 U、V 上增加的 BD-rate 分别为 0.06%、0.03% 和 0.07%。主要原因在于 SDT 是采用 KLT 变换方法获得变换核。为了减少 KLT 变换核带来的比特消耗，SDT 采用重建区域的参考块来求解 KLT。然而，在全帧内编码配置下，只能从当前帧的重建区域选取重建块。由于同一帧内的编码块之间的空域相关性较弱，导致 KLT 变换效率不高，从而造成 SDT 的编码性能不理想。

值得指出的是，MCT 在 4K 视频序列上有较好的编码性能，表 3-21 展示了通用测试条件下 8 个 4K 测试视频序列的实验结果。MCT 在色度分量 U、V 上分别可平均节省 3.39% 和 3.50% 的 BD-rate，其中，在 TrafficFlow 测试序列下的色度分量 U 上最高可节省 4.59% 的 BD-rate。虽然 AMT 在亮度分量的编码性能最高，但编码时间也急剧增加。与 JEM-7.0 相比，AMT 的编码时间增加了 72%，而 MCT 仅增加了 6%，可在编码性能和编码时间上取得更好的平衡。

表 3-21　三种对比算法在 4K 视频序列上的编码性能（BD-rate）和

编解码时间比率

（单位:%）

测试序列	颜色分量	AMT[38]	SDT[146]	MCT
Tango	亮度 Y	−4.30	0.02	−2.80
	色度 U	−2.00	−0.01	−4.25
	色度 V	−2.01	0.05	−3.55
Drums 100	亮度 Y	−3.98	0.02	−2.40
	色度 U	−1.85	−0.06	−3.24、
	色度 V	−1.94	−0.06	−3.31
Campfire-Party	亮度 Y	−3.54	0.02	−2.07
	色度 U	0.57	0.03	−1.07
	色度 V	−1.89	−0.03	−1.95
Toddler-Fountain	亮度 Y	−4.93	0.01	−3.26
	色度 U	−1.82	−0.01	−3.96
	色度 V	−1.86	0.09	−3.94
CatRobot	亮度 Y	−3.68	0.03	−2.71
	色度 U	−1.18	−0.03	−3.45
	色度 V	−1.23	0.03	−2.92
TrafficFlow	亮度 Y	−4.67	0.03	−3.97
	色度 U	−1.28	−0.13	−3.75
	色度 V	−1.48	0.07	−4.59
DaylightRoad	亮度 Y	−4.10	0.01	−2.35
	色度 U	−0.98	0.03	−3.33
	色度 V	−0.85	0.00	−3.29

续表

测试序列	颜色分量	AMT[38]	SDT[146]	MCT
Roller-Coaster	亮度 Y	−4.28	0.00	−3.52
	色度 U	−3.19	0.05	−3.87
	色度 V	−3.27	0.13	−4.45
总体平均	亮度 Y	−4.19	0.02	−2.79
	色度 U	−1.57	−0.04	−3.39
	色度 V	−1.82	0.04	−3.50
编码时间比率		172	98	106
解码时间比率		100	101	102

3.5 本章小结

为了更好地平衡视频编码效率和编码时间复杂度，本章提出了相邻帧内预测模式依赖变换核选择方法。首先，利用相邻帧内预测方向十分接近这一特点，提出了对偶互换机制，使相邻帧内预测模式分配不同的变换组合；其次，沿用模式依赖变换的思想，采用 DCT-2 和 DST-7 作为变换核候选，为亮度分量和色度分量设计了新的帧内预测模式变换核选择方法；最后，结合实验结果表明，本章提出的方法 MCT 与现有主流变换方法 AMT 相比，可更好地平衡编码性能和编码时间复杂度。与 JEM-7.0 编码器相比，MCT 和 MCTF 在亮度分量和色度分量上节省的 BD-rate 分别可达 2.11%、2.53%、2.59% 和 2.33%、1.53%、1.62%。尤其在 4K 视频上，MCT 在色度分量上最高可节省 4.59% 的 BD-rate。同时，在编码时间复杂度方面，MCT 的编码时间平均仅增加 6%，与 AMT 相比，MCT 的编码时间大大降低。

第四章

基于伪视频序列的光场图像压缩

光场能够为人们带来更加逼真、具有沉浸感的三维视觉体验，已成为下一代三维系统的发展方向之一。由于光场图像数据格式异于传统图像，现有编码器对光场图像的编码效率不理想。针对该问题，本章采用基于伪视频序列的光场图像压缩框架，综合考虑视差与视点的质量差异，提出了新的视点扫描方式，取得了更好的编码性能；考虑了视频编码帧之间的时域依赖关系，优化了 I 帧的量化参数，结合时域依赖率失真优化方法进一步提升了编码性能。

4.1 光场表示与数据采集

与传统图像相比，光场图像的数据采集方式不同，造成光场图像的数据格式也不同。当使用现有编码工具压缩光场图像时，编码器的压缩效率并不高。主要原因在于现有编码器是针对传统图像视频数据设计的，不能很好地兼容光场图像数据。因此，本小节首先介绍光场的基本理论，然后介绍现在主流的光场图像数据采集方式，最后阐明光场图像数据的特点。

4.1.1 光场表示

光场的概念可追溯到 19 世纪中叶，用来描述光线从任意方向通过三维空间中某一点的强度。在 20 世纪末，文献［169］提出用七维全光函数 $L(x, y, z, \theta, \varphi, \lambda, t)$来描述三维空间中光线的传输特性，包括三维空间点的坐标位置信息$(x、y、z)$、光线的传播方向（用俯仰角和方位角表示）、光线的波长 λ 和时刻信息 t。

显然，七维全光函数虽然能够充分地表征光场信息，但通过该方式记录的数据维度高、体量大，不利于存储、传输及信息处理，难以应用在现实场景中。因此，文献［169］假设光线在传播过程中无衰减，舍弃了光线的波长和时刻信息，从而将全光函数的维数由七维降低为五维。随后，文献［13］对五维全光模型做了进一步简化，提出了四维的"双平面（two-plane）"模型 $L(u, v, s, t)$，模型示意图如图 4-1 所示。

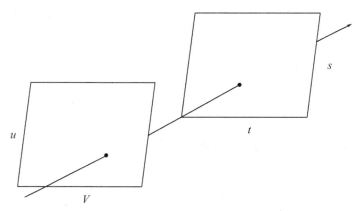

图 4-1 四维光场模型示意图

在图 4-1 中，第一个平面用(u, v)表示，代表光场的角度信息；第二个平面用(s, t)表示，代表光场的空域信息。可以看出，通过三维空间中的光线通过射入 uv 平面的点和 st 平面的点之间的连线表示。由小孔成像原理可知，通过 uv 平面上每一点的光线都可在 st 平面上成像，uv 平面上点的位置代表不同的观看视角。

4.1.2 光场数据采集

光场数据采集设备可分为相机移动平台[170]、基于压缩感知原理的采集设备[171]、全光相机[172]和相机阵列[173]四类。相机移动平台是通过多方位移动相机采集静态场景的光场信息，该设备的机械结构复杂，且只能采集静态场景。基于压缩感知的光场采集设备是先对光场信息进行稀疏采样，然后通过稀疏表示来重建光场[174-176]。该方法需要预先设计采样模板，对透过相机主镜头的光线进行编码（采样），通过多次曝光的方式采集光场数据。基于压缩感知的光场采集同样只能采集静态场景的光场信息；虽然稀疏采样的方式有效地降低了数据量，但图像重建质量不高，因此该类设备仍有待改进。本小节主要介绍全光相机和相机阵列两种采集设备。

（1）全光相机

全光相机的基本原理是集成成像[177]。集成成像最早在 20 世纪初由法国物理学家李普曼提出，利用光路可逆原理，通过在孔径和成像面之间加入微透镜阵列，仅需一次曝光即可实现光场信息的采集。由于集成成像对微透镜阵列的光学特性要求较高，而早期的微透镜阵列在加工工艺上很难满足要求。因此，直到 20 世纪中后期，关于集成成像的研究才逐渐引起关注。

20 世纪末，文献［172］根据集成成像原理，在手持数码相机模型的基础上设计了全光相机模型。全光相机模型的示意图如图 4-2 所示，即在相机的主透镜和图像传感器之间加入了微透镜阵列。同时，为了使微透镜阵列更好地匹配图像传感器的尺寸，文献［172］在全光相机模型中加入场镜和中继镜。基于该相机模型，文献［178，179］相继提出了改进的全光相机模型，使得相机的体积大大缩小，极大地提升了全光相机的实用性。

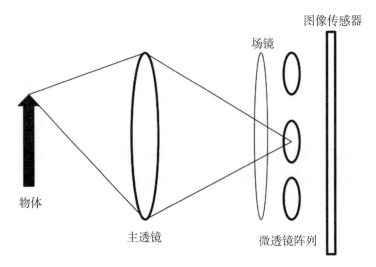

图 4-2　全光相机模型示意图

（2）相机阵列

相机阵列由多个相机按照阵列排列形成，在阵列中的各个相机拍摄的图像代表相应视点的场景信息[173]。图 4-3 为相机阵列采集系统示意图，图中所有相机按照矩阵形式排列。除了按照矩阵形式排列外，还有其他的排列方式，如环形、半球形等。与全光相机相比，相机阵列采集系统往往体积庞大，因此通常用于科学研究工作中。

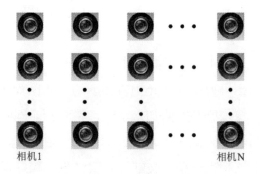

图 4-3　相机阵列示意图

目前，较为常用的已公开的利用相机阵列采集的光场图像数据集是斯坦福大学公布的光场图像数据集[182]。该光场数据集具有多种角度和空间分辨率，囊括了其早期和近期采集的光场图像数据。

<h3>4.1.3 光场图像数据</h3>

　　全光相机属于单镜头相机，虽然具有体积小、使用便利的优点，但该相机模型在角度分辨率和空间分辨率之间存在矛盾。由于图像传感器需要同时记录光场的角度信息和空间信息，因此必须在角度分辨率和空间分辨率之间进行取舍。与传统相机相比，全光相机牺牲了图片的空间分辨率来保证光场的角度信息。图 4-4 展示了全光相机拍摄的图像，称为集成图像[183]。在本章后续的小节中，集成图像也被称为光场图像。

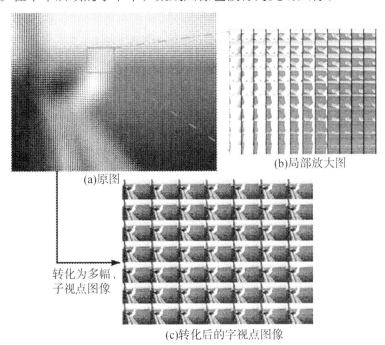

(a)原图

(b)局部放大图

转化为多幅、子视点图像

(c)转化后的字视点图像

图 4-4　光场图像局部区域放大图和转化后的子视点图像

　　整幅光场图像由许多个局部区域的小尺寸图像构成，每个小尺寸图像称为基本图像，基本图像由微透镜阵列中的透镜单元成像得到。因此，整幅光场图像的尺寸可由基本图像的尺寸及微透镜阵列的尺寸推算得出。图 4-4 所示的光场图像尺寸为 7240×5236，基本图像尺寸为 75×75。另外，从图 4-4 中可以看出，相邻基本图像之间有许多重叠区域，所以整幅光场图像存在极大的空域冗余。

　　光场图像可通过视点图像绘制算法转化为多幅子视点图像，每幅子视点图像代表从特定位置拍摄的场景信息。如图 4-5 所示，子视点图像可由光场图像中基本图像的像素点渲染得到。一种简单的算法是从每个基本图像中的相同位置抽取一个像素，然后根据基本图像在光场图像中的相对位置渲染得到子视点图像。

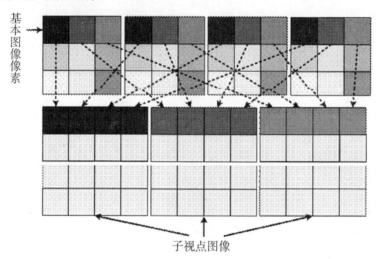

图 4-5　子视点图像渲染示意图

　　将光场图像转化为多幅子视点图像后，可根据四维光场模型，用 uv 平面的坐标来索引每幅子视点图像，用 st 平面的坐标来索引子视点图像中的像素。与传统图像视频相比，光场图像只有转化为子视点图像后才具有良好的可观性。由于光场图像的数据格式不同于传统图像，因此采用传统的编码工具对光场图像进行压缩无法取得理想的压缩效果。

4.2　基于伪视频序列的光场图像压缩

　　本章采用基于伪视频序列的光场图像压缩框架进行压缩，该框架能很

好地结合现有视频编码工具，为光场图像压缩带来极大的便利。在生成伪视频序列的过程中，子视点图像的扫描顺序对编码性能有着至关重要的影响。本章从视点间的视差和质量差异的角度出发，提出了一种综合考虑视差和视点质量的子视点扫描方式，提升了伪视频序列的时域相关性，取得了比类似方法更优的编码性能。

4.2.1 子视点扫描方式设计

在设计子视点图像扫描方式时，首先考虑了子视点图像间的视差信息。由于不同光场相机采集的光场图像的子视点间的视差可能存在差异，为了避免视差估计，采用其他非中心视点到中心视点的距离表示视差。图 4-6 展示了尺寸为 5×5 的非中心子视点到中心视点距离的示意图。其中，"0"代表中心视点。

2.828	2.236	2	2.236	2.828
2.236	1.414	1	1.414	2.236
2	1	0	1	2
2.236	1.414	1	1.414	2.236
2.828	2.236	2	2.236	2.828

图 4-6 非中心视点到中心视点距离示意图

其次，考虑了子视点间的质量差异。图 4-7（a）和图 4-7（b）分别展示了光场图像"Friends5"的中心视点图像和边缘视点图像。可以看出，中心视点图像的质量高于边缘视点的图像。造成这种现象的原因是光场相机中的微透镜阵列不能完好地匹配图像传感器，使得每个微透镜单元成像的边缘出现模糊现象。如图 4-7 所示，当采用基本图像中的非中心像素渲染边缘视点时，得到的视点图像要低于中心视点图像的质量。

（a）中心视点图像　　　　　　　　　　　（b）边缘视点图像

图 4-7　光场图像"Friends 5"的中心视点及边缘视点图像

将中心视点图像作为伪视频序列的第一帧，在中心视点区域综合考虑视差和视点间质量差异，使相邻两帧之间的视差及质量差异都尽可能小。当扫描到边缘视点时，视点间的质量差异占据主导地位，此时尽可能使相邻两帧之间的质量接近。以图 4-8 中 15×15 的视点图像阵列为例，上述视点扫描顺序为 15×15 矩阵中的数字按照从小到大依次排列。

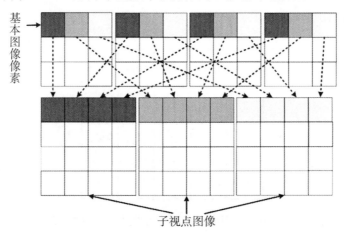

图 4-8　子视点扫描顺序示意图

4.2.2　算法流程

基于伪视频序列的光场图像压缩算法流程可分为三步，如图 4-9 所示。首先，利用视点提取算法将光场图像转化为多幅子视点图像；然后，将得到的子视点图像集按照设计的视点扫描顺序生成伪视频序列；最后，利用现有视频编码工具对伪视频序列进行压缩。

图4-9　基于伪视频序列的光场图像压缩流程示意图

在图4-9中，转化后的多幅子视点图像用子视点图像集表示。光场图像的基本图像间存在非常大的冗余，在视点提取的过程中光场图像的空域冗余被转化为视点间冗余；转化后的子视点图像间的内容非常相似，生成伪视频序列后，视点间的冗余再次被转化为时域冗余，最终利用现有视频编码工具对伪视频序列进行编码并输出码流。

4.3　算法改进

上一节介绍了基于伪视频序列的光场图像压缩算法，将视差及视点间的质量差异这两个因素考虑到伪视频序列的生成过程中，使伪视频序列中相邻帧之间的内容及质量差异尽可能小。这种方法虽然提升了伪视频序列的时域相关性，但是在编码过程中依旧没有考虑不同帧中的编码单元之间的时域依赖关系。为了进一步提升编码效率，本小节提出了 QP 调节策略，采用时域依赖率失真优化方法，进一步改善了编码性能。接下来先介绍时域依赖率失真优化方法[160]，然后详述 QP 调节策略。

4.3.1　时域传播链

时域依赖的率失真优化问题已在第二章作了阐述，在该类算法中，需要计算当前 CU 在给定编码参数下的编码失真对后续编码单元造成的影响。然而，当前 CU 的编码失真需要在编码后才能获得。因此，如何在一次编码的条件下实现对优化问题的求解是时域依赖率失真优化的重点。

当前 CU 的编码失真会扩散到多个后续编码单元中，且受影响的编码单元会再次影响其他后续编码单元。因此，编码失真的时域传播是一个极其复杂的过程。文献［160］对编码失真的时域扩散过程做了简化，提出了一种通过前向搜索构建时域传播链的方法。如图 4-10 所示，位于 f_i 帧的编码块通过前向运动，搜索得到在 f_{i+1} 帧中的最佳匹配块。由于最佳匹配块可能会跨越多个编码块，在构建时域传播链时，最佳匹配块的运动信息将采用与其相交区域最大的编码块的运动信息来代替，重复上述过程即可构建一条编码失真时域传播链。

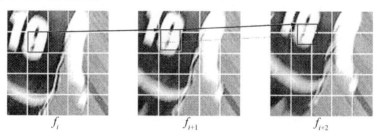

$$f_i \qquad\qquad\qquad f_{i+1} \qquad\qquad\qquad f_{i+2}$$

图 4-10　时域传播链示意图

在运动搜索过程中，运动补偿是当前 CU 与其在参考帧中运动搜索得到的预测块的差。对于第 $i+1$ 帧中的编码单元，其运动补偿具体可表示为

$$D_{i+1}^{MC} = \parallel X_{i+1} - X_i' \parallel^2 = \parallel X_{i+1} - X_i + X_i - X_i' \parallel^2 \qquad (4\text{-}1)$$
$$\approx \alpha (\parallel X_{i+1} - X_i \parallel^2 + \parallel X_i - X_i' \parallel^2)$$

在式（4-1）中，D_{i+1}^{MC} 为第 $i+1$ 帧中编码单元 X_{i+1} 的运动补偿；X_i 为编码单元 X_{i+1} 在第 i 帧中搜索到的区域；α 为常数。式（4-1）对运动补偿 D_{i+1}^{MC} 做了近似，使得 D_{i+1}^{MC} 正比于第 i 帧中匹配区域的压缩失真 D_i 和第 $i+1$ 帧中编码单元 X_{i+1} 和 X_i 的差值 D_{i+1}^o 之和。由此，式（4-1）可写为

$$D_{i+1}^{MC} \approx \alpha (D_i + D_{i+1}^o) \qquad (4\text{-}2)$$

其中，D_{i+1}^o 通过前向运动搜索得到，D_i 和式（2-30）中所示编码参数 s_i 有

关。而对于第 $i+1$ 帧中编码单元的压缩失真 D_{i+1} 来说，除了与其自身的最优编码参数 s^* 有关外，还与编码参数 s_i 有关。另外，在高码率条件下，压缩失真与运动补偿误差之间的关系可表示为[154]

$$D_{i+1}(s_i, \; s_{i+1}^*) = 2^{-\beta \cdot R_{i+1}(s_{i+1}^*)} \cdot D_{i+1}^{MC}(s_i, \; s_{i+1}^*) \qquad (4\text{-}3)$$

其中，β 为常数，其取值与信源分布有关。将式（4-3）代入式（4-2），可推出

$$D_{i+1}(s_i, \; s_{i+1}^*) \approx 2^{-\beta \cdot R_{i+1}(s_{i+1}^*)} \cdot \alpha \cdot \left[D_i(s_i) + D_{i+1}^o \right] \qquad (4\text{-}4)$$

为了简化表示，可将式（4-4）进一步写为

$$D_{i+1}(s_i, \; s_{i+1}^*) \approx \gamma_{i+1} \cdot D_i(s_i) + C_{i+1} \qquad (4\text{-}5)$$

其中

$$\gamma_{i+1} = \alpha \cdot 2^{-\beta \cdot R_{i+1}(s_{i+1}^*)}$$
$$\qquad (4\text{-}6)$$
$$C_{i+1} = \alpha \cdot 2^{-\beta \cdot R_{i+1}(s_{i+1}^*)} \cdot D_{i+1}^o = \gamma_{i+1} \cdot D_{i+1}^o$$

在式（4-6）中，γ_{i+1} 和 C_{i+1} 只与第 $i+1$ 帧中编码单元的最优编码参数有关，与当前帧的编码参数 s_i 无关。由式（4-5）可依次推导出当前编码单元在编码参数 s_i 条件下对后续编码单元的影响，具体可表述为

$$D_{i+n}(s_i, s_{i+1}^*, \cdots, s_{i+n}^*) \approx \gamma_{i+n} \cdot \cdots \cdot \gamma_{i+1} \cdot D_i(s_i) + C_{i+n} \qquad (4\text{-}7)$$

根据式（4-7），式（2-30）可进一步写为

$$\min_{s_i} \left[\left(1 + \sum_{j=i+1}^{N} \prod_{k=i+1}^{j} \gamma_k \right) D_i(s_i) + \lambda R_i(s_i) \right] \qquad (4\text{-}8)$$

在式（4-8）中，将编码失真的加权项记为 τ_i，即

$$\tau_i = \sum_{j=i+1}^{N} \prod_{k=i+1}^{j} \gamma_k \qquad (4\text{-}9)$$

其中，参数 τ_i 为编码单元 i 的时域传播因子，代表第 i 个编码单元的编码失真对后续所有编码单元的影响。τ_i 的值越大，则第 i 个编码单元的编码失真对后续编码单元的影响越大。从式（4-9）中可以看出，时域传播因子 τ_i 与参数 γ_{k+1} 有关。因此，参数 γ_{k+1} 的获取对整个优化问题的求解至关重要。由式（4-3）和式（4-6）可得

$$\gamma_{k+1} = \alpha \cdot D_{i+1}(s_i, \; s_{i+1}^*) / D_{i+1}^{MC}(s_i, \; s_{i+1}^*)$$
$$\qquad (4\text{-}10)$$
$$= D_{i+1}(s_i, \; s_{i+1}^*) / \left(D_i(s_i) + D_{i+1}^o \right)$$

可以看出，参数γ_{k+1}与压缩失真D和原始帧之间的差异D^o有关。D^o可由时域传播链构建过程中的前向运动搜索得到，由此可知，参数γ_{k+1}的获取还需得到当前编码单元的压缩失真。

假设运动补偿预测误差的变换系数服从均值为零的拉普拉斯分布，进而可推导出均匀量化下的量化误差（即压缩失真D）与运动补偿D^{MC}之间的关系，具体可表述为

$$D = D^{MC} \cdot F(\theta) \tag{4-11}$$

其中

$$\theta = QP_{step} \cdot \sqrt{2/D^{MC}} \tag{4-12}$$

从式（4-12）中可以看出，θ是关于量化步长QP_{step}和运动补偿D^{MC}的函数，可通过统计实验建立查找表得出。大量实验表明，$F(\theta)$的取值范围在 0 到 1 之间。结合式（4-10）和式（4-11），参数γ_{k+1}的计算可进一步写为

$$\gamma_{k+1} = \alpha \cdot F(\theta) \tag{4-13}$$

由式（4-13）可知，在已知量化步长QP_{step}和运动补偿D^{MC}的情况下，通过预先构建的$F(\theta)$查找表即可计算参数γ_{k+1}，进而可计算出时域传播因子τ_i。图4-11 展示了在 HEVC 上$F(\theta)$的统计结果。

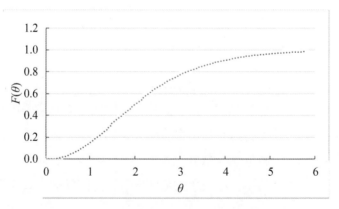

图 4-11　$F(\theta)$在 HEVC 上的统计结果[160]

4.3.2 拉格朗日乘子求解

求解式（4-13）除了需要计算时域传播因子外，还需要求解拉格朗日乘子 λ。对式（4-8）求偏导，然后令率失真对码率的偏导为零可得

$$\lambda = -\frac{\partial \sum\limits_{j=1}^{N} D_j}{\partial R_i} = -\frac{(1+\tau_i)\partial D_i}{\partial R_i} \tag{4-14}$$

结合式（4-3）和式（4-14）可进一步推导出

$$\lambda = (1+\tau_i)\cdot\beta\cdot 2^{-\beta\cdot R_i}\cdot D_i^{MC} = (1+\tau_i)\cdot\beta\cdot D_i \tag{4-15}$$

同时，HEVC 编码器采用独立率失真优化技术，可由同样的方式推导出

$$\lambda_{\text{HEVC}} = \beta\cdot D_i^{\text{HEVC}} \tag{4-16}$$

在式（4-16）中，D_i^{HEVC} 表示 HEVC 编码器采用独立率失真优化得到的压缩失真。为了区别式（4-14）中的拉格朗日乘子 λ，HEVC 中的拉格朗日乘子用 λ_{HEVC} 表示。结合式（4-15）和式（4-16）可得

$$\lambda\cdot D_i^{\text{HEVC}} = (1+\tau_i)\cdot D_i\cdot\lambda_{\text{HEVC}} \tag{4-16}$$

在采用时域依赖率失真优化方法时，通过一次编码无法获得原始 HEVC 编码器的压缩失真 D_i^{HEVC}。为了实现基于一次编码的时域依赖率失真优化，将压缩失真 D_i^{HEVC} 用 D_i 代替，同时考虑到所有编码单元的率失真优化问题的求解，式（4-17）可进一步改写为

$$\lambda = \frac{\sum\limits_{i=1}^{N}(1+\tau_i)\cdot D_i}{\sum\limits_{i=1}^{N} D_i}\cdot\lambda_{\text{HEVC}} \tag{4-18}$$

由式（4-18）可知，当前 CU 的拉格朗日乘子 λ 可通过已编码 CU 计算得到，并且构建了 λ 与 λ_{HEVC} 之间的关系，达到简化计算的目的。在 HEVC 编码器中，拉格朗日乘子 λ_{HEVC} 可根据设置的量化参数计算得到。最终，利用式（4-13）和式（4-18）可实现基于一次编码的时域依赖率失真优化，达到比 HEVC 更优的编码性能。

4.3.3 量化参数调节

HEVC 采用了多层级编码结构，高时域层编码帧会参考低时域层的重建帧，因此低时域层编码帧的失真会向高时域层扩散。尤其是在低延迟编码配置下，I 帧会被多个编码帧参考，I 帧的重建质量决定了后续编码帧可达的最大编码性能。图 4-12 展示了对 I 帧设置不同 QP 偏置时的编码性能。其中，纵坐标为编码性能，用 RDScore 表示，可由式（4-19）计算得出；横坐标为 QP 偏置，用 QP_Offset 表示。

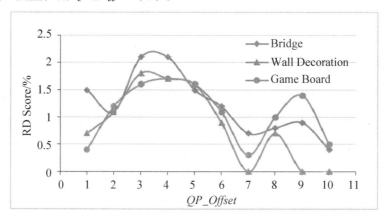

图 4-12 I 帧设置不同量化参数偏置时的编码性能

$$RDScore = \begin{cases} -BD\text{-rate}, & BD\text{-rate} \leqslant 0 \\ 0, & BD\text{-rate} > 0 \end{cases} \qquad (4\text{-}19)$$

在式（4-19）中，BD-rate 表示在同等质量下的码率节省。从图 4-12 中可以看出，当 QP 偏置为 3 和 4 时，三幅光场图像的编码增益最高。另外，考虑到在不同码率限制下，I 帧对后续编码帧的影响也会发生变化。在视频编码器中，初始量化参数 QP_{Base} 决定了最终码率，因此，可根据 QP_{Base} 的取值调整 I 帧的 QP 偏置，具体调整方法见式（4-20）。

$$\Delta QP_1 = \begin{cases} 5 & QP_{\text{Base}} \in [37, 51] \\ 4 & QP_{\text{Base}} \in [32, 36] \\ 3 & QP_{\text{Base}} \in [22, 31] \\ 2 & QP_{\text{Base}} \in [4, 21] \end{cases} \qquad (4\text{-}20)$$

除了对 I 帧的 QP 进行调节外，本章还对后续 P/B 帧中 CTU 的拉格朗日乘子进行了调节。利用式（4-18）更新拉格朗日乘子后，根据 QP-λ 模型重新计算当前帧 CTU 的 QP，然后进行编码[162]。

(4.3.4) 算法流程

改进算法的目的是对编码过程做进一步优化，从而达到更优的率失真性能。为了更清晰地阐述总体算法流程，算法 1 给出了基于伪视频序列的光场图像压缩引入改进算法后的实现细节。

算法 1：基于伪视频序列的光场图像压缩引入改进算法后实现细节

（1）伪视频序列生成过程：

1. 视点提取，将光场图像转化为多幅子视点图像；

2. 按照设计的视点扫描顺序生成伪视频序列；

（2）改进算法编码过程：

3. 时域传播链构建；

4. 根据式（4-20）设置 I 帧的 QP 偏置；

5. 估算当前帧中全部 16×16 像素块的时域传播因子，进而通过求平均的方式计算出每个 CTU 的时域传播因子[137]；

6. 若当前帧为 I 帧，根据 QP 偏置更新 I 帧 QP；若当前帧为 P/B 帧，进入步骤 7；

7. 由式（4-18）更新拉格朗日乘子并由 QP-λ 模型重新计算当前帧 QP。

4.4 实验结果

在对比实验中，本章以 HEVC 参考软件 HM-16.7 为算法实现平台，采用低延迟编码配置在 4 个 QP 测点 {22，27，32，37} 下对实验数据进行压缩，用 BD-rate 来衡量算法的编码性能；选用瑞士洛桑联邦理工学院（Swiss federal Institute of Technology in Lausanne，EPFL）多媒体信号处理研究组公布的数据库[184]中的光场图像作为实验数据；为了验证算法的有效性，采用了 4 种不同的扫描方式来对比编码性能。具体的实验数据特点及对比算法描述在后续小节中详述。

4.4.1 实验数据

基于伪视频序列的光场图像压缩方法需要将光场图像转化为子视点图像集。本章采用光场数据处理工具包中的视点提取算法[185]，将 EPFL 数据库中的光场图像转化为多幅子视点图像，可得到 5 维的光场数据，如图 4-13 所示。EPFL 数据库中的光场图像由 Lytro Illum 光场相机采集，原始光场图像的格式为 10 Bit 的 RGB 图像，每个基本图像尺寸为 15×15。经光场数据处理工具包转化后可得到 5 维的光场数据结构 $[15×15×625×434×4]$，前两维 $[15×15]$ 代表 uv 平面，可索引各子视点图像，中间两维 $[625×434]$ 代表 st 平面，可索引子视点图像中的像素点，最后一维表示图像的颜色分量信息。EPFL 提供的光场图像数据中，每个像素点含有 4 个通道信息，本章算法只选用前面 3 个 RGB 通道的信息。

图 4-14 展示了从 EPFL 数据库中选用的 8 幅光场图像的中心视点图像。可以看出，所选图像内容包含了建筑物、人物、自然风景和电脑制作的卡通形象等，较为全面地涵盖了多种类别的图像内容。同时，在所选的光场

图像中，既有内容结构比较简单的图像，如图 4-14（g）中的墙饰，也有较为复杂的图像内容，如图 4-14（h）中的草地纹理等。

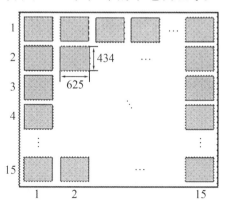

图 4-13　多幅子视点图像按矩阵排列示意图

（a）Bridge　　　　　　　（b）Fountain Vincent 2

　　　　　　（d）Game Board

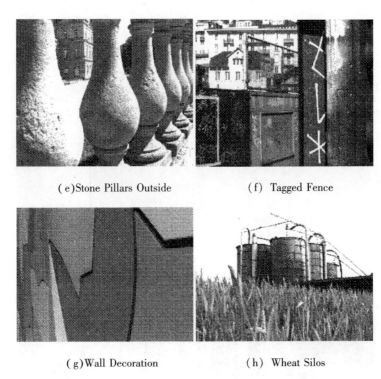

(e)Stone Pillars Outside (f) Tagged Fence

(g)Wall Decoration (h) Wheat Silos

图 4-14　选取的八幅光场图像的中心视点图像

4.4.2　对比算法

本章提出的视点扫描方式用"Prop"表示。为了验证算法性能，采用四种扫描方式作为对比算法，即横向、纵向、"回"字形和"之"字形，分别用"Hor""Ver""Cir"和"Zig"表示。四种对比算法的子视点扫描示意图如图 4-15 所示。由于改进算法与视点扫描方式无关，因此每种扫描方式都可采用改进算法进行压缩。为了验证改进算法的有效性，在实验结果中，将改进算法的结果用"+RDO"表示。以 Zig 为例，"Zig + RDO"表示采用之字形扫描方式生成伪视频序列，然后用改进算法压缩后的实验结果。在衡量改进算法的编码性能时，同样以 Zig 在未引入改进算法前的编码结果作为基准来计算改进算法在五种扫描方式上的 BD-rate。

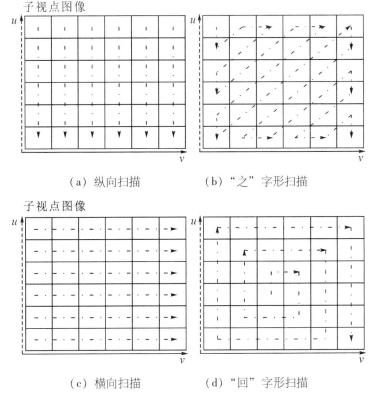

（a）纵向扫描　　　　（b）"之"字形扫描

（c）横向扫描　　　　（d）"回"字形扫描

图 4-15　四种对比算法子视点扫描示意图

在计算压缩失真时，将生成的伪视频序列和经压缩重建后的伪视频序列之间的误差作为光场图像的压缩失真。伪视频序列的重建质量由 Y、U、V 三个分量的平均重建质量表示，即为 $YUV\text{-}PSNR$。根据文献［187］中的描述，$YUV\text{-}PSNR$ 可用式（4-21）计算得到

$$YUV\text{-}PSNR = \frac{6 \times Y\text{-}PSNR + U\text{-}PSNR + V\text{-}PSNR}{8} \tag{4-21}$$

式中，Y、U、V 三个分量的重建质量分别用 $Y\text{-}PSNR$、$U\text{-}PSNR$ 和 $V\text{-}PSNR$ 表示，整个序列的质量由三个分量的加权平均表示。

除了采用三个颜色分量的平均 PSNR 作为衡量重建质量的指标外，还采用 SSIM[188] 作为客观质量的评价指标。SSIM 算法能够衡量参考图像和测试图像之间的结构相似性，从图像的亮度、对比度和结构信息三个方面的差异性出发，最后综合三个方面的结果得到最终的评估指标。具体计算方法

可写为

$$SSIM(XY) = l(XY) \times c(XY) \times s(XY) \tag{4-22}$$

在式（4-22）中，X 和 Y 分别为 SSIM 的输入；$l(XY)$、$c(XY)$ 和 $s(XY)$ 分别代表图像的亮度、对比度和结构的相似性，可分别由式（4-23）、式（4-24）和式（4-25）计算得出。

$$l(XY) = \frac{2u_X u_Y + C_1}{u_X^2 + u_Y^2 + C_1} \tag{4-23}$$

$$c(XY) = \frac{2\sigma_X \sigma_Y + C_2}{\sigma_X^2 + \sigma_Y^2 + C_2} \tag{4-24}$$

$$s(XY) = \frac{\sigma_{XY} + C_3}{\sigma_X \sigma_Y + C_3} \tag{4-25}$$

式中，C_1、C_2 和 C_3 为常数。为了避免出现分母为零而无法计算的情况，u_X 和 u_Y 分别为输入图像 X 和 Y 的均值，σ_X 和 σ_Y 分别为输入图像 X 和 Y 的方差，σ_{XY} 为输入图像 X 和 Y 的协方差。以图像 X 的均值 u_X 和方差 σ_X 的计算为例，可由式（4-26）和式（4-27）计算得到。

$$u_X = \frac{1}{H \times W} \sum_{i=1}^{H} \sum_{j=1}^{W} X(i, j) \tag{4-26}$$

$$\sigma_X = \left\{ \frac{1}{H \times W - 1} \sum_{i=1}^{H} \sum_{j=1}^{W} \left[X(i, j) - u_X \right]^2 \right\}^{1/2} \tag{4-27}$$

式中，H 和 W 分别为图像的高度和宽度；i 和 j 为图像的横坐标和纵坐标索引。图像 X 和 Y 的协方差 σ_{XY} 可通过式（4-28）计算得到。

$$\sigma_{XY} = \frac{1}{H \times W - 1} \sum_{i=1}^{H} \sum_{j=1}^{W} \left\{ \left[X(i, j) - u_X \right] \left[Y(i, j) - u_Y \right] \right\} \tag{4-28}$$

由式（4-23）、式（4-24）和式（4-25）可以得出，最终 SSIM 的取值范围为 $0 \sim 1$，SSIM 的值越大，表示参考图像和测试图像之间的相似度越高；反之，则表示两幅图像之间的相似性越小。

4.4.3 算法性能对比

本小节将从客观质量和主观质量两个方面对比计算性能。同时，为了更好地展示实验结果，本小节先展示五种扫描方式的编码性能，然后展示改进算法在五种扫描方式上的编码性能，最后展示五种扫描方式下重建的非中心视点的主观质量对比。

（1）五种扫描方式的率失真性能对比

表 4-1 展示了 Prop 和对比算法在 HM-16.7 上的编码性能。从表 4-1 中可以看出，相比于 Zig，Prop 可平均节省 16.4% 的 BD-rate。在光场图像"Wall Decoration"上，Prop 节省的 BD-rate 高达 21.6%。相较于 Zig，Hor、Ver 和 Cir 方法都能取得更优的编码性能，分别能平均节省 7.8%、6.3% 和 13.7% 的 BD-rate。另外，从表 4-1 中还可以看出，在八幅测试光场图像上，包括 Prop 在内的四种扫描方式的编码性能普遍优于之字形扫描方式。产生这一实验结果的原因主要有两点：第一，之字形扫描方式使得相邻图像之间不仅存在水平视差，还存在垂直视差，从而造成内容差异较大；第二，由于光场相机的限制，之字形扫描方式还使得相邻图像间的质量差异较大。

表 4-1　四种扫描方式 Hor、Ver、Cir 和 Prop 的率失真性能 BD-rate

（单位：%）

光场图像名称	对比方法			
	Hor[186]	Ver	Cir[67]	Prop
Bridge	−3.00	−12.5	−11.7	−14.6
Fountain Vincent 2	−11.7	−0.6	−8.8	−10.8
Friends 5	−1.3	−8.3	−17.9	−20.7
Game Board	−15.3	5.1	−13.8	−15.6
Stone Pillars Outside	−13.3	−2.2	−10.3	−13.4
Tagged Fence	−10.2	−5.0	−13.7	−16.8
Wall Decoration	0.5	−16.1	−19.3	−21.6
Wheat Silos	−7.8	−11.1	−14.0	−17.4
平均 BD-rate	−7.8	−6.3	−13.7	−16.4

图 4-16 展示了 Prop 算法和其他四种对比算法在两幅光场图像"Friends 5"

和"Wall Decoration"上的率失真曲线。从图4-16中可以看出，在低码率（*QP* 为37时）下，Prop 算法能够取得更高的重建质量，而在高码率（*QP* 为22时）下，在同等质量下，Prop 算法比其他算法的比特消耗更小。从图 4-16 中还可以看出，相比于其他扫描方式，回字形扫描方式在低码率下更接近本书所提算法的编码性能，原因是回字形扫描与 prop 算法的排序方式相近，尤其是在中心视点附近的排列顺序非常相近，使得两种扫描方式生成的伪视频序列在前面几个 GoP 的编码性能比较接近。

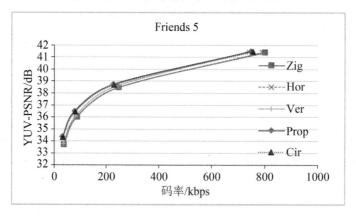

（a）五种对比算法在光场图像"Friends 5"上的率失真曲线

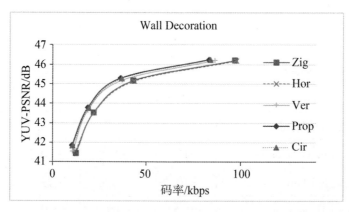

（b）五种对比算法在光场图像"Wall Decoration"上的率失真曲线

图 4-16　五种扫描方式率失真曲线对比

（2）引入改进算法后五种扫描方式的率失真性能对比

表 4-2 展示了引入改进算法后五种扫描方式的编码性能。从表 4-2 中可以看出，改进算法能有效地提升五种算法在伪视频序列上的编码性能。与其他四种方法相比，"Prop + RDO"的编码性能更好。与之字形扫描算法相比，"Prop + RDO"平均可节省 21.7% 的 BD-rate；在光场图像"Friends 5"上，"Prop + RDO"可节省 28.3% 的 BD-rate。另外，采用改进算法后，其他四种算法（即"Hor + RDO""Ver + RDO""Cir + RDO"和"Zig + RDO"）分别可节省 9.4%、8.6%、18.7% 和 1.9% 的 BD-rate。

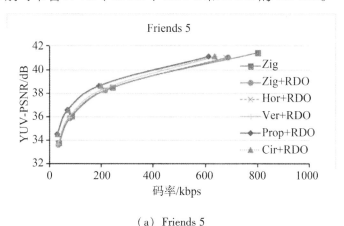

（a）Friends 5

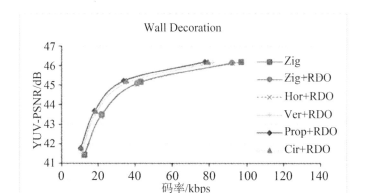

（b）Wall Decoration

图 4-17　引入改进算法后五种扫描方式的率失真曲线对比

图 4-17 展示了采用改进算法后在光场图像"Friends 5"和"Wall Decoration"上五种扫描方式的率失真曲线。另外，为了更好地展示采用改

进算法后的编码性能变化，图 4-17 还展示了 "Zig" 扫描方式在未采用改进算法时的率失真曲线。从图 4-17 中可以看出，"Prop + RDO" 能够取得比其他四种算法更优的编码性能。与 "Hor + RDO" "Ver + RDO" "Zig + RDO" 和 "Zig" 相比，"Prop + RDO" 能够在节省码率的同时还能提升伪视频序列的重建质量。在高码率情况下，"Prop + RDO" 与 "Cir + RDO" 的重建质量相当，但 "Prop + RDO" 比 "Cir + RDO" 的比特消耗更小。

表 4-2 低延迟配置下的率失真性能 BD-rate

（单位:%）

光场图像名称	对比方法				
	Hor[186] + RDO	Ver + RDO	Cir[67] + RDO	Zig + RDO	Prop + RDO
Bridge	− 5.8	− 17.2	− 18.2	− 4.0	− 21.3
Fountain Vincent 2	− 13.1	− 2.2	− 12.6	− 2.2	− 14.8
Friends 5	− 3.1	− 9.2	− 25.1	− 0.7	− 28.3
Game Board	− 16.5	4.8	− 17.7	− 0.5	− 19.4
Stone Pillars Outside	− 13.6	− 4.4	− 16.6	− 1.4	− 20.3
Tagged Fence	− 12.9	− 7.7	− 18.2	− 2.7	− 21.8
Wall Decoration	0.6	− 15.8	− 20.6	− 0.7	− 22.9
Wheat Silos	− 10.5	− 16.8	− 20.9	− 3.7	− 24.8
平均 BD-rate	− 9.4	− 8.6	− 18.7	− 1.9	− 21.7

（3）主观质量对比

图 4-18（a）和图 4-18（b）分别展示了五种扫描方式在光场图像 "Friends 5" 上用 HM-16.7 和改进算法压缩后的 SSIM 性能对比。从图 4-18 中可以看出，所有算法的 SSIM 性能在光场图像 "Friends 5" 上均可达到 0.9 以上，说明压缩后各子视点图像的结构信息保存较好。在低码率（QP 为 37）条件下，重建的伪视频序列与未压缩的伪视频序列之间的 SSIM 仍能维持在较高的水平。从图 4-18（b）中可以看出，与 "Hor + RDO" " Ver

+ RDO""Zig + RDO"和"Zig"相比,"Prop + RDO"的 SSIM 指标更高。与"Cir + RDO"相比,除了低码率情况外,"Prop + RDO"均能取得更高的 SSIM 指标;在同等的 SSIM 指标下,"Prop + RDO"的比特消耗更小。

为了更加直观地展示主观视觉质量,图 4-19 展示了其中一幅非中心视点在 QP 为 40 时的重建图像。其中,图 4-19(a)为该子视点未压缩的图像,图 4-19(b)~图 4-19(f)分别为该子视点在五种扫描方式下的重建图像。通过对比图 4-19(a)中所示小框区域的放大图可以看出,图 4-19(a)~图 4-19(d)的重建区域较为模糊,图 4-19(e)~图 4-19(f)的主观质量较高。

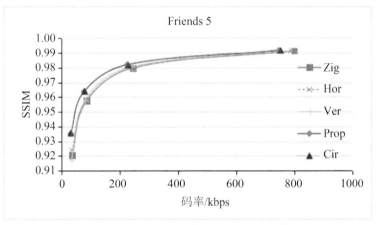

（a）HM-16.7 在五种扫描方式上的 SSIM 曲线

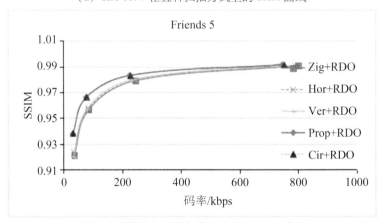

（b）改进算法在五种扫描方式上的 SSIM 曲线

图 4-18　五种扫描方式在光场图像"Friends5"上的 SSIM 曲线

（a）未压缩的子视点图像　　　（b）"Zig + RDO"重建图像

（c）"Hor + RDO"重建图像　　　（d）"Ver + RDO"重建图像

（e）"Cir + RDO"重建图像　　　（f）"Prop + RDO"重建图像

图 4-19　子视点图像的主观视觉质量对比

4.4.4　讨论与分析

　　从表 4-2 中展示的结果可以看出，改进算法在不同的扫描方式下生成的伪视频序列的增益不同。为了更加直观地说明该问题，表 4-3 展示了引入改进算法前后，不同的扫描方式生成的伪视频序列的编码性能对比情况。需要指出的是，表 4-3 是以各扫描方式在未引入改进算法时的编码结果为基准，通过对比引入改进算法后的编码结果并计算 BD-rate 得到。

表 4-3　五种扫描方式在引入改进算法前后编码性能 BD-rate

（单位:%）

光场图像名称	对比方法				
	Hor[186]	Ver	Cir[67]	Zig	Prop
Bridge	− 3.0	− 5.1	− 6.9	− 4.0	− 6.7
Fountain Vincent 2	− 1.5	− 1.7	− 3.8	− 2.2	− 3.8
Friends 5	− 1.8	− 1.1	− 8.5	− 0.7	− 9.3
Game Board	− 1.7	− 0.1	− 4.3	0.5	− 4.3
Stone Pillars Outside	− 0.6	− 2.3	− 7.1	− 1.4	− 7.9
Tagged Fence	− 2.9	− 3.0	− 4.8	− 2.7	− 5.2
Wall Decoration	0.2	0.3	− 1.6	− 0.7	− 1.7
Wheat Silos	− 2.7	− 6.4	− 7.7	− 3.7	− 8.4
平均 BD-rate	− 1.8	− 2.4	− 5.6	− 1.9	− 5.9

从表 4-3 中可以看出，在引入改进算法后，Hor、Ver、Cir、Zig 和 Prop 分别可节省 1.8%、2.4%、5.6%、1.9% 和 5.9% 的 BD-rate。还可看出，Prop 最高可节省 9.3% 的 BD-rate；与对比算法相比，Prop 的平均编码性能最高。为了进一步说明该问题，图 4-20 展示了 Prop 和 Hor 在光场图像"Friends 5"上采用改进算法压缩后的率失真曲线的对比。其中，图 4-20（a）展示了 Prop 引入改进算法前后的率失真曲线，图 4-20（b）展示了 Hor 引入改进算法前后的率失真曲线。

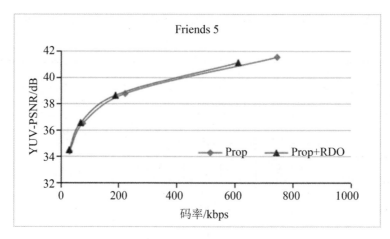

（a）算法在引入改进算法前后的率失真曲线对比

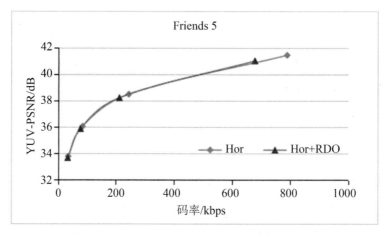

（b）水平扫描方式引入改进算法前后的率失真曲线对比

图 4-20　光场图像"Friends 5"的率失真曲线对比

通过对比图 4-20（a）和图 4-20（b）可以看出，改进算法在 Prop 上的性能比横向扫描方法 Hor 更好。另外，在高码率下，引入改进算法后的重建质量略有下降，但 Prop 和 Hor 的比特消耗也大幅减少。在低码率下，Prop 和"Prop + RDO"的比特消耗基本持平，但"Prop + RDO"比"Hor + RDO"的重建质量更高。Prop 能够取得更好的编码性能的原因在于 prop 的视点扫描方式综合考虑了视差及相邻视点间的质量差异这两个因素，使得生成的伪视频序列中的相邻帧之间的视差和质量差异较小，具有更强的时域相关性，使时域依赖率失真优化方法能够更好地发挥出算法的固有优势，

更加有效地去除帧间的时域依赖性。

4.5 本章小结

　　本章首先介绍了光场表示与采集设备，然后详述了光场图像的特点。采用基于伪视频序列的光场图像压缩算法框架，将光场图像转化为多幅子视点图像，综合考虑了视差及视点间的质量差异，提出了新的视点扫描方式，使得生成的伪视频序列中的相邻编码帧之间具有较强的时域相关性。实验结果表明，与"之"字形扫描方式相比，Prop 算法平均可节省 16.4% 的 BD-rate。为了进一步提升 Prop 算法的编码性能，本书将时域依赖率失真优化方法引入编码过程中，同时优化了 I 帧的 QP 设置。实验结果表明，与之字形扫描方式相比，改进后的算法平均可节省 21.8% 的 BD-rate。

第五章

面向目标检测的视频编码优化

在监控场景下，人不是监控视频的唯一观看者，在人脸识别、行人检测、目标跟踪等视频内容分析中，计算机已逐渐成为监控视频的主要观众。然而，根据人眼视觉特性设计的视频编码器没有考虑视频压缩失真对内容分析的影响，在带宽受限的条件下，采用现有的视频编码器往往会造成视频内容分析性能下降。针对该问题，本章首先定义了内容分析失真的度量模型，然后根据内容分析失真度量模型得到的分析失真和码率建立率失准模型，并将分析失真引入现有的率失真优化过程中，最后以目标检测为本章的研究内容分析任务，提出了针对目标检测的视频编码优化算法，实现码率、压缩失真和分析失真的联合优化。

5.1 问题的提出

第二章中已经对视频编码标准的混合框架及预测、变换、率失真优化等关键技术做了介绍，同时阐述了视频编码的目标是在给定带宽的情况下实现最小的编码失真和最优的视频重建质量。为了达到这一目的，视频编码器充分利用了人眼视觉特性（对图像的色度和高频信息不敏感），如采用YUV420 采样格式、对高频变换系数采用更大的 QP 等。然而，在监控应用场景下，多种内容分析任务往往占据主导地位，如目标检测、目标跟踪、

人脸识别等。在这种场景下，视频压缩失真会造成内容分析性能下降。如图 5-1 所示，压缩后的图像背景部分有大量的失真。同原图相比，色度分量的压缩失真引起色差，使得压缩图像的检测结果包含较多的误检区域，如图 5-1（d）中的小矩形框部分所示。

（a）未压缩的原始图像　　　　（b）压缩后图像

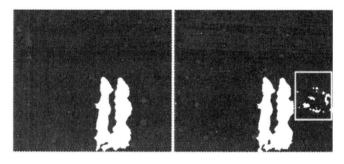

（c）原始图像检测结果（d）压缩后图像的检测结果

图 5-1　压缩前后检测结果对比

　　鉴于此，面向视频分析任务的视频编码需要解决两个问题：（1）与原始（未压缩）视频的内容分析结果相比，在不同的视频质量下，如何度量视频内容分析结果的变化程度？（2）在兼顾视频内容分析结果的同时，如何保证视频压缩效率？解决这两个问题的关键在于优化视频压缩效率与内容分析准确性两者之间的关系，本书将其称为"率失准优化"。经典的解决方法是基于感兴趣区域的压缩方法，通过 ROI 提取算法得到每幅图像中的感兴趣区域，然后调整编码策略，对感兴趣区域分配更多比特，保证感兴趣区域的重建质量。但该类编码方案是从视频编码的角度减小 ROI 区域的压缩失真，没有考虑视频的压缩失真对压缩前后分析结果的影响。

针对上述两个问题，本章首先构建分析失真度量模型，对视频压缩前后的分析结果差异进行度量；然后将分析失真度量模型输出的结果定义为分析失真，并将分析失真引入率失真优化问题中；最后构建码率与分析失真的关联模型，通过求解码率、编码失真和分析失真，联合优化问题，调整编码策略。

5.2 分析失真度量

本书中，分析失真的定义使用相同的内容分析算法对压缩前和压缩后的视频的计算结果的差异。因此，在度量分析失真之前，首先要对内容分析算法的性能进行度量，然后才能得到分析失真。针对各种各样的内容分析任务，尤其在监控场景下的目标检测、跟踪等，目前已有大量的评估算法模型。而且，针对单一的视频内容分析任务，也存在许多性能评估算法。以目标检测为例，经典的算法性能评估指标有准确率、召回率、F-measure、交并比等，从不同的角度考量目标检测算法的性能[189,190]。因此，在多种性能评估指标下，分析失真将是一个高维的向量，可表示为

$$D_A(T, M) = \left| D_o(T, M) - D_c(T, M) \right| \tag{5-1}$$

式中，$D_A(T, M)$代表内容分析算法 T 在性能评估指标集合 M 下的分析失真，$D_o(T, M)$ 为内容分析算法 T 在原始视频上运行后利用性能评估指标集合 M 得到的算法结果，$D_c(T, M)$ 为内容分析算法 T 在压缩视频上运行后利用性能评估指标集合 M 得到的算法结果。

分析失真在性能评估指标集合 M 上呈现高维的特性，维数与评估指标集合 M 中的元素个数相等。需要指出的是，$D_o(T, M)$ 和 $D_c(T, M)$ 是内容分析算法 T 相对于 *Ground Truth* 在性能评估指标集合 M 下的结果，反映了内容分析算法 T 的性能。本章的研究重点在于保持内容分析算法在视频压缩前后其性能的一致性，内容分析算法的性能不是本章的研究重点。因此，

内容分析算法结果相对于 *Ground Truth* 的好坏与本章的研究目标相关性不大，只要内容分析算法在视频压缩前后保持一致，此时的分析失真即为零。

5.3 率失准优化

为了减少视频压缩对内容分析的影响，将内容分析失真引入率失真优化问题，将内容分析失真反馈到视频编码过程中，以达到自适应调整编码参数，降低分析失真的目的。

第二章已经阐述了视频编码核心技术率失真优化的目标：在相同码率下使得压缩失真最小或在同等质量下使得码率最小，如式（5-2）所示

$$\min D_C + \lambda_{HM} R \tag{5-2}$$

式中，D_C 为压缩失真，R 为码率，λ_{HM} 代表 HEVC 参考软件 HM 中的拉格朗日乘子。在传统率失真优化问题中引入内容分析失真后，需要综合考虑码率、压缩失真和分析失真三者的关系，称为率失准优化。将内容分析失真 D_A 引入传统率失真优化问题后，率失准优化问题可用式（5-3）表示

$$\min D_C + \tau D_A \, s.\, t.\, R \leqslant R_T \tag{5-3}$$

式中，τ 为加权因子，用于调整压缩失真和分析失真的比重。τ 越大说明内容分析的性能在视频编码过程中的重要性越高。另外需要指出的是，在式（5-3）中，内容分析失真 D_A 是标量，不再是式（5-1）中的矢量。当 τ 为零时，式（5-3）将退化为式（5-2）所示的经典率失真优化问题。

图 5-1 是对视频先压缩后检测得到的结果，压缩和检测是两个独立的过程。对视频压缩的研究工作围绕式（5-2）展开，对内容分析算法的研究集中在算法性能的提升，使计算结果与人工标定的数据（即 *Ground Truth*）尽可能保持一致，具体可描述为

$$\min D_o(T, M) \tag{5-4}$$

对率失准优化问题来说，最简单的办法是仍将视频压缩和内容分析视

为两个独立的过程。在此假设下，率失准优化问题可拆分为两个独立的子问题：问题 1 和问题 2。

问题 1：经典的率失真优化问题，如式（5-2）所示；

问题 2：使分析失真最小，具体可用式（5-5）描述为

$$\min \| \boldsymbol{D}_A(T, M) \|_2 \tag{5-5}$$

在式（5-5）中，$\| \boldsymbol{D}_A(T, M) \|_2$ 表示求取 2-范数。由于分析失真 $\boldsymbol{D}_A(T, M)$ 是一个多维向量，在优化过程中，使分析失真 $\boldsymbol{D}_A(T, M)$ 的 2-范数最小。

上述模型虽然简单易于操作，但存在两个严重的问题：

（1）由于视频压缩和内容分析被视为两个独立过程，在最小化分析失真后（即上述问题 2），无法将结果反馈到视频编码过程中；

（2）式（5-5）中的内容分析失真是多维向量，当维数过高时，难以得到问题的最优解。在一些情况下，如性能评估算法不能采用凸优化的方式进行求解，式（5-3）不再是凸优化问题，求解过程将极其复杂。另外，增加分析失真维数意味着采用多种内容分析算法的性能评估指标，该过程将极其耗时。

为避免出现上述问题，本书首先对分析失真做降维处理，只选取一种经典的分析算法性能评价指标，然后将内容分析失真引入经典的率失真优化过程中，使得分析失真能够及时反馈到视频编码器中，进而改变编码策略。

5.3.1 率失准模型构建

式（5-3）所示的率失准优化问题需要构建分析失真与码率之间的关联模型才能进行求解。本书将分析失真和码率之间的关联模型称为"率失准模型"。在率失准模型的构建过程中，借鉴了经典的率失真模型的构建方法，通过统计实验和曲线拟合的方式，建立分析失真和码率之间的函数关系。本书根据统计实验结果，采用指数函数来拟合分析失真与码率之间的

函数关系，具体可用式（5-6）表示

$$R = C_1 e^{C_2 D_A} \tag{5-6}$$

式中，C_1 和 C_2 为率失准模型参数，取值与视频内容有关。在后续的章节中，基于目标检测算法，通过统计实验来确定 C_1 和 C_2 的取值。具体实验结果将在 5.4.3 小节中展示。

5.3.2 率失准优化问题的求解

从式（5-6）可以看出，构建的码率与分析失真之间的函数为凸函数，因此，对于式（5-3）中的有约束优化问题，可采用拉格朗日乘子法，将式（5-3）所示的有约束优化问题转化为无约束优化问题。具体可用式（5-7）表示

$$\min J = D_C + \tau D_A + \lambda_{new} R \tag{5-7}$$

在式（5-7）中，J 代表率失准代价；λ_{new} 为拉格朗日乘子。当 τ 为零时，λ_{new} 等于视频编码器中的拉格朗日乘子。由于本书所用算法是在 HEVC 参考软件 HM 上实现，因此，当 τ 为零时，可以通过式（5-8）求解 λ_{new}。

$$\lambda_{new} = \lambda_{HM} = -\frac{\partial D_C}{\partial R} \tag{5-8}$$

当 τ 不为零时，可令率失准代价 J 对码率 R 的偏导为零，通过极值法求取 λ_{new} 的最优解。具体可写为

$$\frac{\partial J}{\partial R} = \frac{\partial D_C}{\partial R} + \tau \frac{\partial D_A}{\partial R} + \lambda_{new}$$

$$\lambda_{new} = -\frac{\partial D_C}{\partial R} - \tau \frac{\partial D_A}{\partial R} \tag{5-9}$$

在算法实现过程中并未改动视频编码器中的率失真模型，因此，结合式（5-8），可进一步推出

$$\lambda_{new} = \lambda_{HM} - \tau \frac{\partial D_A}{\partial R} \tag{5-10}$$

即建立了拉格朗日乘子 λ_{new} 和 λ_{HM} 之间的关系，通过分析失真 D_A、加权

因子 τ 和率失准模型参数即可计算出 λ_{new}。

5.4 基于二次编码的优化方法

从式（5-10）不难看出，除了编码参数 λ_{HM} 外，在编码的模式选择过程中还需求得分析失真 D_A、加权因子 τ 和率失准模型参数才能实现对 λ_{new} 的求解。针对该问题，本节提出了基于二次编码的优化方法，其算法流程包含三个部分：获取分析失真 D_A、加权因子 τ 和率失准模型参数。

5.4.1 分析失真估计

估计分析失真的目的是降低编码复杂度。如果将视频内容分析算法嵌入编码流程，则视频编码器的算法复杂度将飞速增长。因为在模式选择过程中，需要多次编码且重复运行视频内容分析算法才能获得准确的分析失真，导致编码时间难以预计。

为了避免多次编码，可利用压缩失真预测分析失真。由图 5-2 所示实验结果可以看出，压缩失真和分析失真之间成正相关。图 5-2 中的四段监控视频片段 Clip1 ～ Clip4 是从监控视频数据集 PETS2006[191] 和 PETS2009[192] 中选取的，包括 3 段室内监控视频 Clip1 ～ Clip3 和 1 段室外场景监控视频 Clip4。四段监控视频都是由固定摄像头拍摄的，无场景切换且视频内容没有任何缩放。四段视频帧率为 30，包含 600 帧图像，3 段室内监控视频 Clip1 ~ Clip3 的尺寸为 720×576，室外监控视频 Clip 4 的尺寸为 768×576。图 5-3 展示了四段监控视频的缩略图。

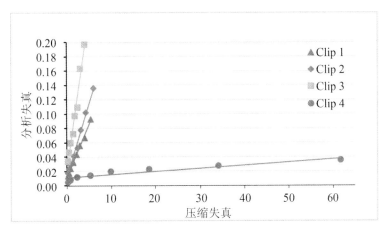

图 5-2　压缩失真与分析失真统计结果

图 5-2 展示了压缩失真和分析失真在不同量化参数 QP 下的结果。其中，压缩失真用绝对误差和（sum of absolute difference，SAD）表示，具体计算方式为

$$SAD = \sum_i \sum_j \left| F_{\text{org}}(i, j) - F_{\text{rec}}(i, j) \right| \qquad (5\text{-}11)$$

在式（5-11）中，F_{org} 和 F_{rec} 分别为原始帧和重建帧；i 和 j 分别为图像横坐标和纵坐标索引，$| \cdot |$ 代表求取绝对值。

视频内容分析任务多种多样，本节以多目标检测为研究背景，采用 F-measure[189,190] 作为目标检测的算法性能指标，通过对比选取不同量化参数 $QP\{5，10，15，20，25，30，35，40\}$ 下的重建视频与原始视频的检测结果计算分析失真。F-measure 具体计算包含两个部分：准确率（precision，pr）和召回率（recall，re）。目标检测可视为一个二分类问题，即图像中的像素点将被划分为目标像素点和非目标像素点。与标定的 *Ground Truth* 对比，检测结果可分为真/假正样本（true/false positives，TP/FP）和真/假负样本（true/false negatives，TN/FN）。真/假正样本代表检测到的目标像素点，真/假负样本代表检测的非目标像素点。通过统计正负样本数，可以计算得出准确率 pr 和召回率 re。最终通过准确率 pr 和召回率 re 计算得到 F-measure。具体计算式如式（5-12）、式（5-13）和式（5-14）所示。

图 5-3 为四段监控视屏的缩略图。

（a）Clip 1　　　　　　　　（b）Clip 2

（c）Clip 3　　　　　　　　（d）Clip 4

图5-3　从四段监控视频片段中截取的图像

$$pr = \frac{TP}{TP + FP} \tag{5-12}$$

$$re = \frac{TP}{TP + FN} \tag{5-13}$$

$$F = 2 \times \frac{pr \times re}{pr + re} \tag{5-14}$$

式中，F 表示帧级的 F-measure。

由式（5-14）计算得到 F-measure 后，帧级分析失真 D_A 可表示为

$$D_A = 1 - F \tag{5-15}$$

通过式（5-15）可计算得到视频中每帧的分析失真，进而可得到视频的平均分析失真，记为 D_A^S，有

$$D_A^S = 1 - F_A^S$$

式中，F_A^S为视频 S 的总体检测性能，同样用 F-measure 来衡量，具体可由式（5-17）计算得到。

$$F_A^S = 2 \times \frac{pr_A^S \times re_A^S}{pr_A^S + re_A^S} \tag{5-17}$$

式中，pr_A^S和 re_A^S分别为视频 S 的准确率和召回率，由式（5-18）和式（5-19）计算得到。

$$pr_A^S = \frac{\sum_{i=1}^{N} TP_i}{\sum_{i=1}^{N}(TP_i + FP_i)} \tag{5-18}$$

$$re_A^S = \frac{\sum_{i=1}^{N} TP_i}{\sum_{i=1}^{N}(TP_i + FN_i)} \tag{5-19}$$

式中，N 为视频 S 中包含的帧数；i 代表视频帧号索引。图 5-2 所示分析失真即为四个测试视频片段（Clip 1 ~ Clip 4）的平均分析失真，通过式（5-16）计算得出。

在图 5-2 中，测试视频的平均分析失真D_A^S与压缩失真 SAD 呈线性关系。因此，可以利用压缩失真 SAD 来预测分析失真，具体可表示为

$$D_A^S = P_1 \times SAD + P_2 \tag{5-20}$$

式中，P_1 和 P_2为线性预测模型参数。通过线性预测获取分析失真的方式虽然会产生预测误差，但能够避免多次（超过 2 次以上）编码，极大地缩短了编码时间。

5.4.2 加权因子估计

求解率失准优化问题，还需获得式（5-10）中的加权因子 τ。为了探究加权因子 τ 对整个编码过程的影响，此处依旧选用四段视频 Clip 1 至 Clip 4 作为训练数据，然后用 HEVC 编码参考软件 HM-16.7 作为编码工具，选用四个 QP 测点{22，27，32，37}，τ 的取值从 0.1 到 0.9 ，对这四段视频进行压缩。不难算出，加上四段未压缩的监控视频，一共可得到 $4 + 4 \times 9 \times 4$

=148 段不同质量的视频。运行相同的目标检测算法[193]，通过式（5-16）计算可得到分析失真。

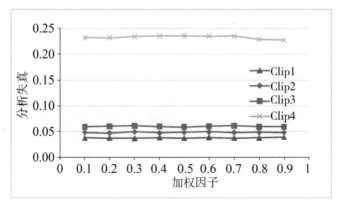

（a）QP 测点为 22

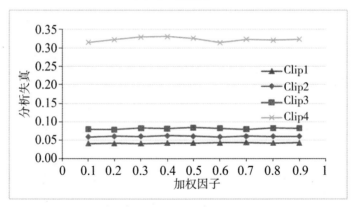

（b）QP 测点为 27

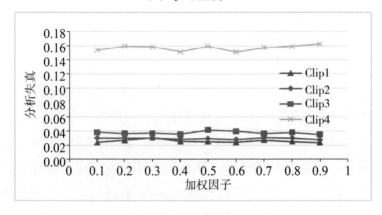

（c）QP 测点为 32

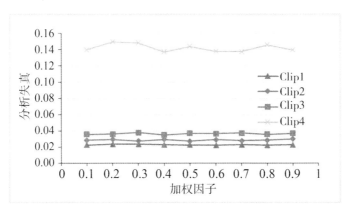

（d）*QP* 测点为 37

图 5-4 四个 *QP* 测点在不同加权因子取值下分析失真的变化趋势

从图 5-4 中可以看出，随着加权因子 τ 逐渐增大，3 段室内监控视频 Clip 1 至 Clip 3 的分析失真变化较平缓，而室外监控视频 Clip 4 的分析失真波动较大。产生这种现象主要有两个原因：一是监控视频中同一像素位置上亮度的变化会降低目标检测算法的鲁棒性，室内监控场景的光照条件比室外监控场景更加稳定；二是加权因子 τ 会影响视频编码中的模式判决过程，从而影响目标检测的结果。

视频的平均分析失真是由式（5-20）所示线性模型预测得到的。在预测帧级分析失真时可能会产生较大的预测误差，统计四段监控视频中每帧的分析失真，发现帧级分析失真的方差与检测到的目标面积成负相关的关系，图 5-5 展示了统计结果。其中，横坐标代表每帧检测的目标面积取以 10 为底的对数值，纵坐标为帧级分析失真的方差。可以看出，目标面积越大，帧级分析失真方差越小；反之，目标面积越小，帧级分析失真方差越大。

图 5-6 展示了监控视频片段 Clip1 和 Clip 3 的目标检测结果，其中，图 5-6（a）为 Clip1 中的原始图像；图 5-6（b）为 Clip1 中原始图像的目标检测结果；图 5-6（c）为压缩后 Clip 1 中图像的目标检测结果；图 5-6（d）为 Clip 3 中的原始图像；图 5-6（e）为 Clip 3 中原始图像的目标检测结果；图 5-6（f）为压缩后 Clip 3 中图像的目标检测结果。可以看出，监控视频 Clip 1 远远大于监控视频 Clip 3 中的目标面积。从 F-measure 的计算方式可以看

出，当目标面积较小时，F-measure 的值对误检和漏检更加敏感。在计算帧级分析失真时，根据图 5-5 所示观测结果及上述分析，可利用每帧检测的目标区域面积对加权因子 τ 进行修正。具体可写为

$$\tau = \alpha \times \exp\left(\frac{Area}{W \times H}\right) \tag{5-21}$$

式中，$Area$ 表示每帧中检测到的目标总面积，W 和 H 分别为每帧的宽度和高度，α 为常数。二次编码时，可由第一次编码后的压缩失真来预测分析失真，同时利用式（5-21）修正第二次编码时的加权因子。

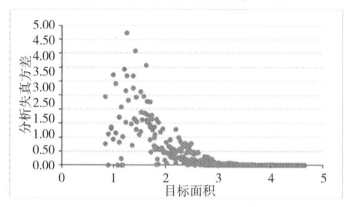

图 5-5　分析失真方差与目标检测面积的统计结果

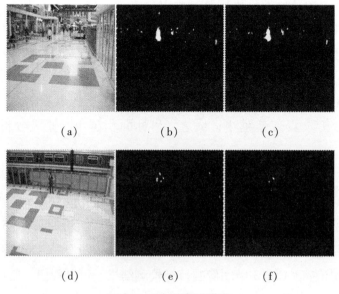

图 5-6　目标检测结果

5.4.3　率失准模型参数估计

5.3.1 小节中，将率失准模型构建为指数形式，用以描述分析失真与
码率之间的关系。为了获取模型参数，本节同样对相同的四段视频 Clip 1 至
Clip 4 采用 HEVC 编码标准参考软件 HM-16.7 进行压缩，得到 38 个不同质
量（对应 38 个 QP 测点，范围从 4 到 41 ）的重建视频；在原始视频和相
应的压缩视频上运行目标检测算法，根据得到的实验结果可拟合出码率与
分析失真的曲线，如图 5-7 所示。从图 5-7 中可以看出，随着码率的增长，
分析失真呈指数级衰减。在后续的实验结果中，率失准模型参数通过数据
拟合得出。

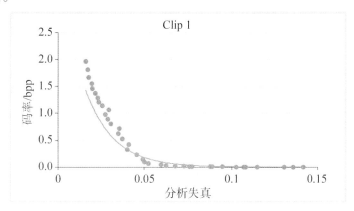

（a）Clip 1 在 38 个量化参数 QP 测点的实验结果

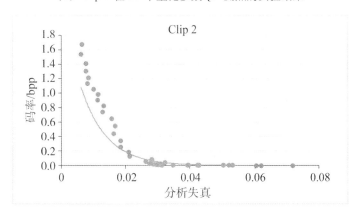

（b）Clip 2 在 38 个量化参数 QP 测点的实验结果

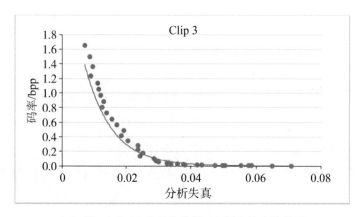

（c）Clip 3 在 38 个量化参数 *QP* 测点的实验结果

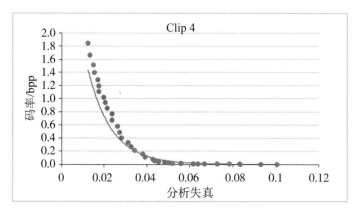

（d）Clip 4 在 38 个量化参数 *QP* 测点的实验结果

图 5-7　码率和分析失真统计结果

5.4.4　算法流程

在获得分析失真、加权因子及率失准模型参数后，将这些参数代入式（5-10）中即可对拉格朗日乘子 λ_{new} 进行求解。基于二次编码的算法流程可划分为两部分：训练过程和编码过程，如图 5-8 所示。训练过程主要是在已知分析任务的前提下获取模型参数，包括分析失真预测模型和率失准模型。在第二次编码过程中采用式（5-10）代替经典的率失真优化过程，综合考虑码率与压缩失真和分析失真的关系，在有限带宽下使视频压缩失真和分析失真之和最小。以下将详述训练过程和编码过程。

训练过程：以目标检测为研究对象，从监控视频数据集 PETS2006 和 PETS2009 上选取多段视频序列，首先利用 HEVC 参考软件 HM-16.7 对选取的视频进行压缩，得到不同质量的重建视频，进而可得相应的压缩失真及码率。然后，在原始视频和压缩视频上运行同一目标检测算法，利用得到的目标检测结果计算分析失真。最后，统计不同质量的重建视频的分析失真、压缩失真和码率，通过数据拟合的方式得到分析失真预测模型和率失准模型参数。整个训练过程为离线训练，拟合所得的参数作为模型参数。

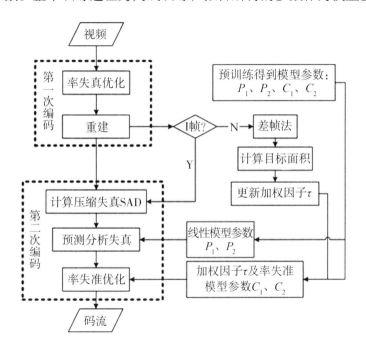

图 5-8　基于二次编码算法框架流程图

编码过程：利用压缩失真预测分析失真时，上述训练过程只能获得模型参数，无法得到压缩失真。为了获取压缩失真，可采用二次编码的方式。第一次编码时，仍旧采用经典的率失真优化技术选择编码参数。联合原始帧与重建帧可计算得到压缩失真 SAD。同时，若当前编码帧的类型不是 I 帧，则采用差帧法得到当前帧的目标面积，然后根据式（5-21）更新加权因子。在第二次编码过程中，先将加权因子及预训练的模型参数代入视频编码器，将第一次编码所得的压缩失真代入分析失真线性预测模型，从而得到分析失真。再将估计的分析失真代入率失准模型完成拉格朗日乘子求解，最终采用式（5-10）进行率失准优化，生成码流。与率失真优化相比，率失准优化综合考量了码率与压缩失真和分析失真的关系，实现了在有限带宽下，视频压缩失真和分析失真之和最小。

5.5 基于一次编码的优化方法

由于二次编码的复杂度较高，为了降低编码的时间复杂度，本节提出了基于一次编码的优化方法，根据编码结构的时域参考关系，利用最低时域层的压缩失真来预测其他高时域层的压缩失真，避免了二次编码过程。同时，为了进一步提升率失真性能，本节提出了量化参数的自适应调节策略。后续小节将详述以上的优化方法和具体算法流程。

5.5.1 压缩失真预测

HEVC 视频编码标准采用层级编码结构，低延时编码配置下有 4 个时域层级，每个层级用 L_i 表示，i 为层级索引号，取值范围为 0 到 3，具体层级结构划分如图 5-9 所示。视频序列的第一帧为 I 帧，处于第 0 层，后续的 P 帧或 B 帧根据编码结构设置为更高层级。高层级的编码帧会参考低层级的重建帧，鉴于此，本节利用 I 帧（第 0 层）的压缩失真预测其他高时域层级的压缩失真。

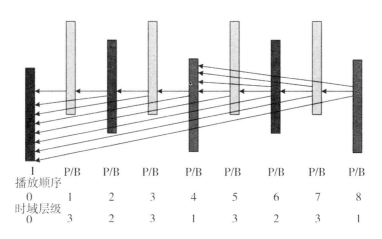

I	P/B	P/B	P/B	P/B	P/B	P/B	P/B	P/B
播放顺序								
0	1	2	3	4	5	6	7	8
时域层级								
0	3	2	3	1	3	2	3	1

图 5-9   低延时编码配置下的时域层级结构及参考关系示意图

参考这一思路，采用 HM-16.7 对视频片段 Clip 1 和 Clip 2 进行压缩，分别统计了 4 个 QP 测点$\{22，27，32，37\}$下不同时域层级的平均压缩失真。需要指出的是，这里的压缩失真用 SAD 度量，各时域层的平均压缩失真记为 D_{L_i}，可由下式计算得出

$$D_{L_i} = \frac{1}{M}\sum_{f \in L_i} D_f \qquad (5\text{-}22)$$

式中，D_f 为处于 L_i 层的编码帧的压缩失真，M 为处于 L_i 层编码帧的帧数。

实验结果如图 5-10 所示。需要指出的是，为了便于展示实验结果，图 5-10 中显示的各时域层级的压缩失真均为缩小 10 万倍后的结果。从图 5-10 中可以看出，高时域层级的平均压缩失真与第 0 层的压缩失真呈正相关的关系。因此，采用线性模型对高时域层级编码帧的压缩失真进行预测，具体可写为

$$D_{L_i} = k_{L_i} \times D_{L_0} + b_{L_i} \qquad (5\text{-}23)$$

式中，k_{L_i} 和 b_{L_i} 为 第 L_i 层的模型参数。通过式（5-23）可预测 P 帧或 B 帧的压缩失真，避免了二次编码过程。采用预测的方式获得压缩失真虽然存在预测误差，但在编码时间复杂度有限的情况下，采用预测模型来避免多次编码也是一种简单有效的方法。

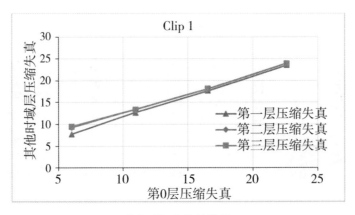

（a）Clip 1 统计结果

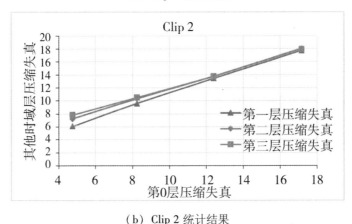

（b）Clip 2 统计结果

图 5-10　时域层级之间的压缩失真依赖关系

$\boxed{5.5.2}$ 量化参数自适应调节

在 5.4.2 小节中已阐明了分析失真与每帧中检测到的目标面积有关。同时，从图 5-2 中可以看出，分析失真与压缩失真呈正相关关系。目标区域的重建质量越高，分析失真越小。本小节以此为出发点，提出了基于目标区域的 QP 自适应调节策略，在目标区域采用较小的 QP，在非目标区域采用相对较大的 QP。具体可写为

$$QP_i = \begin{cases} QP_f - \Delta QP, & \text{若 } i \in \text{目标区域} \\ QP_f + \Delta QP, & \text{若 } i \notin \text{目标区域} \end{cases} \qquad (5\text{-}24)$$

式中，QP_i 和 QP_f 分别代表第 i 个编码树单元的量化参数和帧级量化参数；ΔQP 为量化参数偏移量。编码时，首先采用差帧法检测每帧的动目标区域，然后根据每个编码树单元中是否包含目标区域像素来判定该编码树单元是否为目标区域。

另外，参照时域依赖率失真优化的思想，由于高层级编码帧会参考低层级的重建帧，低层级编码帧的压缩失真会传播给后续高时域层的编码帧。因此，可对 I 帧设置一个量化参数偏移量，采用较小的量化参数压缩 I 帧，提升 I 帧的重建质量，减小 I 帧对后续编码帧的影响。I 帧的 QP 调整具体可写为

$$QP_I = QP_B - \Delta QP_I \tag{5-25}$$

式中，QP_I 和 QP_B 分别为调整后 I 帧的量化参数和视频编码器初始 QP；ΔQP_I 为 I 帧的量化参数偏移量。在后续的实验过程中，目标区域的量化参数偏移量 ΔQP 和 I 帧的量化参数偏移量 ΔQP_I 都设置为 2。

5.5.3 基于一次编码的算法流程

基于一次编码的算法流程如图 5-11 所示。首先根据编码帧的类型调整相应的编码策略，利用式（5-25）对 I 帧的 QP 值进行调节，采用相对较小的 QP 值对 I 帧进行压缩以提升 I 帧的重建质量，减小 I 帧的压缩失真对后续编码帧的影响，同时采用传统的率失真优化技术选择编码参数。当编码器重建 I 帧后即可计算 I 帧的压缩失真（即 SAD_I），并预测其他高时域层级编码帧的压缩失真（即 SAD_{Li}）。对于 P/B 帧，用预测得到的压缩失真估计分析失真 D_A。重建 P/B 帧后，通过计算实际的压缩失真和预测的压缩失真的误差来更新线性预测模型的参数。在率失准优化过程中，根据差帧法的检测结果，利用式（5-21）和式（5-24）分别对编码树单元的权重因子和 QP 值进行调整，采用式（5-10）所示率失准优化方法进行编码优化并输出码流。

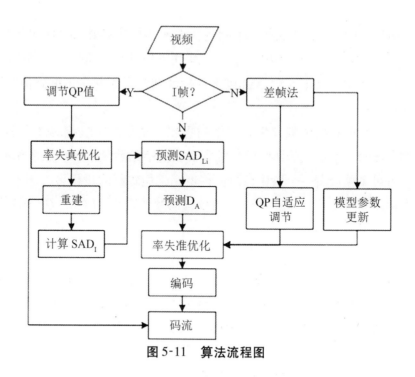

图 5-11　算法流程图

5.6　实验结果

仿真实验在 HEVC 参考软件 HM-16.7 上实现。监控场景一般对实时性要求较高，为了尽可能满足这一要求，编码器采用低延迟编码配置，使用四个 QP 测点{22，27，32，37}对视频进行压缩。目标检测算法同样采用文献［193］提出的算法，由 HM-16.7 压缩得到的实验结果用"HM-16.7"表示，基于二次编码算法得到的实验结果用"TwoPass"表示，基于一次编码算法得到的实验结果用"OnePass"表示。本节将从率失真性能、率失准性能和编码时间复杂度三个方面衡量算法性能，其中率失真性能用 BD-rate 衡量，率失准性能通过性能曲线展示，编码时间复杂度用编码时间比率（time ratio，TR）衡量，可由式（5-26）计算得出

$$TR = \frac{T_{\text{test}}}{T_{\text{HM}}} \times 100\% \tag{5-26}$$

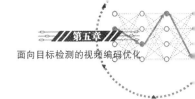

式中，T_{test} 为算法编码时间；T_{HM} 为 HEVC 参考软件 HM-16.7 的编码时间。

5.6.1 实验数据

测试视频序列来源于从两个公开数据集 PETS2006 和 CAVIAR[194] 中截取的四段监控视频。视频的相关参数展示在表 5-1 中，包括视频的尺寸、帧数、帧率、比特深度和视频采集场景。

表 5-1 测试视频序列相关属性

序列名称	数据集	尺寸	帧数	帧率	比特深度	室内/室外
Clip 5	PETS2006	720 × 576	600	25	8	室内
Clip 6	PETS2006	720 × 576	600	25	8	室内
Clip 7	PETS2006	720 × 576	600	25	8	室内
Clip 8	CAVIAR	800 × 600	200	30	8	室外

5.6.2 算法性能对比

首先对比率失准性能。图 5-12 展示了 HM-16.7 和本书提出的两种编码算法在四个测试视频片段 Clip 5 至 Clip 8 上的率失准曲线。总体来说，两种编码算法 OnePass 和 TwoPass 都能取得比 HM-16.7 更优的率失准性能。

在最好的情况下，OnePass 和 TwoPass 最高可降低超过 40% 的分析失真，如图 5-12（c）中在 QP 为 22 和 37 两个测点的率失准性能。同时横向对比四个视频片段的分析失真可以发现，Clip 8 的分析失真要高于其他三段视频，这是因为 Clip 8 为室外监控场景，内容更加复杂多变。从图 5-12（d）中可以看出，OnePass 在高码率（QP 值为 27）情况下，Clip 8 的分析失真略高于 HM-16.7。通过计算可知，此时 OnePass 比 HM-16.7 的分析失真增加了约 0.43%。该结果说明一次编码算法中的预测模型会导致较大的预测误差，进而影响最终的率失准性能。

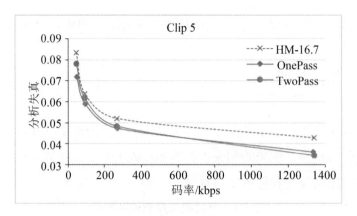

（a）Clip 5 结果

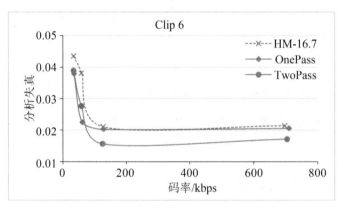

（b）Clip 6 结果

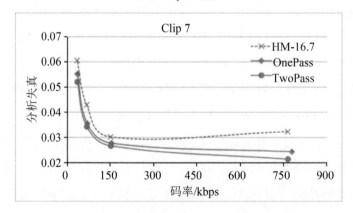

（c）Clip 7 结果

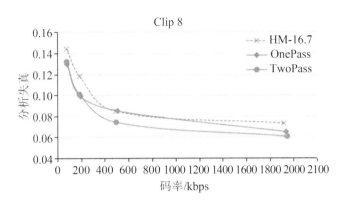

（d）Clip 8 结果

图 5-12 HM-16.7 和两种编码算法的率失准曲线对比结果

然后对比率失真性能。表 5-2 展示了亮度分量的率失真性能。可以看出，TwoPass 的率失真性能低于 HM-16.7，其 BD-rate 增加了 0.9%。与 HM-16.7 相比，TwoPass 在 Clip 8 上的 BD-rate 增加了 2.4%。造成率失真性能下降的原因在于最终的编码参数由率失准代价来衡量，TwoPass 算法得到的最终编码参数虽然可以使率失准代价最小，但不能保证率失真代价最小。因此，在以 BD-rate 为算法的性能评价指标时，编码器最终的编码参数，包括模式选择、量化等过程中的参数无法使率失真性能最优。

表 5-2 亮度分量率失真性能 BD-rate 对比

序列名称	BD-rate/%	
	OnePass	TwoPass
Clip 5	−4.9	0.5
Clip 6	−2.5	0.6
Clip 7	−3.0	1.1
Clip 8	−6.3	2.4
平 均 BD-rate	−4.2	0.9

与 HM-16.7 相比，OnePass 平均可节省 4.2% 的 BD-rate。在视频序列 Clip 5 和 Clip 8 上，OnePass 可分别取得 4.9% 和 6.3% 的编码增益。OnePass

能够取得编码增益的原因在于采用了 QP 自适应调整策略，为 I 帧分配较小的 QP，降低了 I 帧的压缩失真对后续参考帧的影响。图 5-13 展示了测试视频序列 Clip 7 和 Clip 8 的率失真曲线对比结果。可以看出，OnePass 的重建质量比 TwoPass 的重建质量高，该结果从侧面说明了 QP 调整策略的有效性。

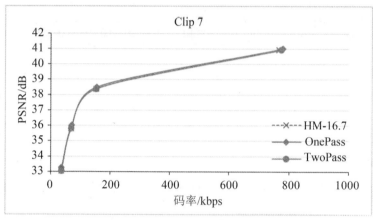

（a）Clip 7 结果

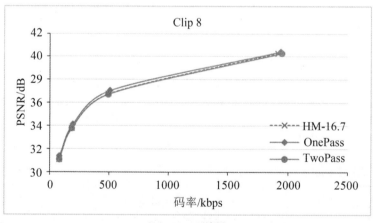

（b）Clip 8 结果

图 5-13　HM-16.7 和两种编码算法率失真曲线

　　最后对比编码时间复杂度。为了保证对比的公平性，在运行 HM-16.7 和本书提出的两种编码算法时，尽可能保证相同的测试环境，每次实验只有一个核心处理单元被占用。表 5-3 展示了 OnePass 和 TwoPass 与 HM-16.7 在四个测试序列 Clip 5 至 Clip 8 上的平均编码时间比率。

表 5-3 编码时间比率（%）对比结果

序列名称	编码时间比率	
	OnePass	TwoPass
Clip 5	103.3	180.4
Clip 6	102.0	175.3
Clip 7	101.9	182.9
Clip 8	103.5	177.2
平 均 TR	102.5	179.5

从表 5-3 中可以看出，与 HM-16.7 相比，TwoPass 的编码时间约为 HM-16.7 的 1.8 倍。主要原因是 TwoPass 采用二次编码来计算压缩失真，增加了编码时间复杂度，而 OnePass 的编码时间仅增加了约 2.5%。与 TwoPass 相比，OnePass 的编码时间大幅降低。

5.6.3 讨论与分析

从图 5-12 中可以看出，OnePass 和 TwoPass 都取得了比 HM-16.7 更好的率失准性能，由于 TwoPass 的编码时间复杂度较高，这里仅对 OnePass 展开讨论。图 5-14 分别展示了四段测试序列 Clip 5 至 Clip 8 中原始图像、用 HM-16.7 和 OnePass 压缩后图像的目标检测结果。图 5-14（a）～图 5-14（d）为 Clip 5 ～ Clip 8 中的原始图像；图 5-14（e）～图 5-14（h）为 Clip 5 ～ Clip 8 中原始图像的目标检测结果；图 5-14（i）～图 5-14（l）为 Clip 5 ～ Clip 8 中经 HM-16.7 压缩后图像的目标检测结果；图 5-14（m）～图 5-14（p）为 Clip 5 ～ Clip 8 中经 OnePass 压缩后图像的目标检测结果。

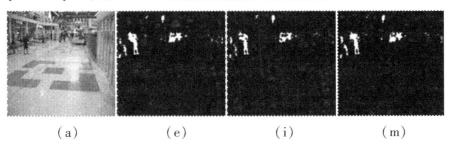

（a）　　　　　（e）　　　　　（i）　　　　　（m）

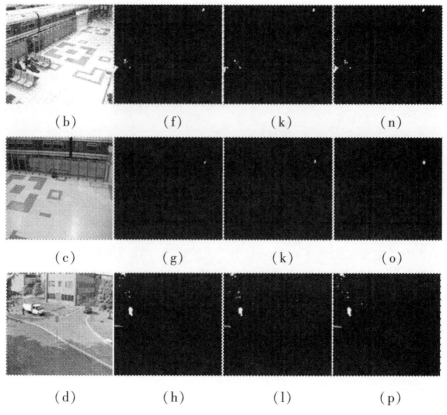

图 5-14   目标检测结果

在 图 5-14 中，第一列为原始编码帧，第二列为原始编码帧的目标检测结果，第三列为采用 HM-16.7 压缩后的目标检测结果，第四列为采用 OnePass 压缩后的目标检测结果。通过对比可以看出，OnePass 的检测结果更加接近原始图像的目标检测结果。尤其是对于较大目标区域（如第一行），OnePass 比 HM-16.7 更加接近原始图像的目标检测结果。这是由于 OnePass 在目标区域采用较小的 QP，提升了目标区域的重建质量，进而提升了目标检测算法的性能。但对于小目标而言（如第三行），OnePass 的目标检测结果并不理想。主要原因在于采用差帧法存在漏检的情况，尤其是对于小目标，漏检概率更大。当目标区域被判定为背景区域，系统会采用较大的 QP 进行编码，降低了目标区域的重建质量，使得分析失真增大。虽然可通过改变差帧法的阈值来改善漏检的情况，但如果设置较小的阈值，则在降低漏检率的同时会增加误检率。另外，OnePass 和 TwoPass 都是采用低复杂度的差帧法来检测编码帧中的目标，但差帧法对于光照变化比较敏感，进而会造成差帧法与实际采用的目标检测算法的检测结果差异较大，导致模型参数更新失败，造成分析失真增大。总而言之，与 HM-16.7 相比，OnePass 可有效降低分析失真，且其编码时间 复杂度平均仅增加了约 2.5%。与获得的编码增益（率失真性能和率失准性能）相比，OnePass 仅增加 2.5% 的编码时间复杂度是合理的。

为了进一步验证算法的有效性，本书还从多目标跟踪数据集 MOT16[195] 中截取了两段 450 帧的测试视频 MOT16-03 和 MOT16-14。这两段视频的尺寸为 1920×1080，帧率分别为 30 Hz 和 25 Hz。另外采用经典的目标检测算法 Yolo[196] 作为验证算法，采用交并比 IoU 来衡量目标检测的性能。假设由目标检测算法得到同一目标的不同标记框，如图 5-15 中 Box_1 和 Box_2 所示，则它们的 IoU 可由式（5-27）计算得到。

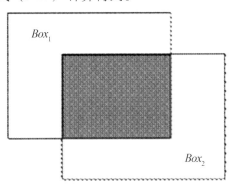

图 5-15　交并比计算示意图

$$IoU = \frac{\text{Intersection}(Box_1 Box_2)}{\text{Union}(Box_1 Box_2)} \tag{5-27}$$

式中，Intersection（Box_1，Box_2）和 Union（Box_1，Box_2）分别表示计算图 5-15 中 Box_1 和 Box_2 的交集和并集的面积，可用式（5-28）和式（5-29）表示。

$$\text{Intersection}(Box_1 Box_2) = area(Box_1) \cap area(Box_2) \tag{5-28}$$

$$\text{Union}(Box_1 Box_2) = area(Box_1) \cup area(Box_2) \tag{5-29}$$

整个视频的 IoU 则需分别统计视频中所有帧的交集和并集的面积之和，然后按照式（5-27）计算得出。视频的分析失真可用式（5-30）计算得出。

$$D_A = 1 - \frac{\sum\limits_{i=1}^{N} \text{Intersection}(f_i^o f_i^r)}{\sum\limits_{i=1}^{N} \text{Union}(f_i^o f_i^r)} \qquad (5\text{-}30)$$

式中，N 为测试序列的帧数；f_i^o 和 f_i^r 分别为原始视频和重建视频的第 i 帧中的目标标记框；D_A 为整个序列的平均分析失真。

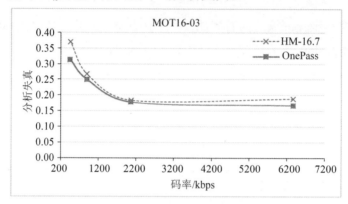

（a）MOT16-03 结果

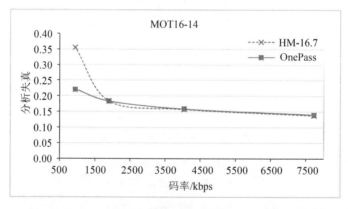

（b）MOT16-14 结果

图 5-16 HM-16.7 和 OnePass 的率失准曲线

图 5-16 展示了 HM-16.7 和 OnePass 在 MOT16-03 和 MOT16-14 上以 Yolo 为目标检测算法的率失准性能曲线。从图 5-16（a）中可以看出，OnePass 的率失准性能优于 HM-16.7，且在低码率下的性能提升要高于其他情况。从图 5-16（b）中可以看出，OnePass 在低码率（QP 为 37）下的率失准性能有显著提升；在其他三个 QP 测点下，OnePass 与 HM-16.7 的率失

准性能持平。图 5-16 的实验结果表明，当采用基于深度网络模型的目标检测算法时，OnePass 依然可以取得比 HM-16.7 更优的率失准性能。

5.7 本章小结

本章阐明了面向内容分析的视频编码算法要解决的核心问题，即在有限带宽条件下最小化压缩失真和分析失真。针对该核心问题，构建了码率与分析失真之间的关联模型，提出了基于二次编码的率失准优化算法，通过二次编码获得压缩失真，进而利用压缩失真预测分析失真。实验结果表明，基于二次编码的率失准优化算法最高可降低 40% 的分析失真。由于基于二次编码的优化算法的编码时间复杂度较高，本章提出了基于一次编码的优化算法，利用时域层级参考关系预测压缩失真，避免了二次编码过程。与基于二次编码的优化算法相比，基于一次编码优化算法的编码时间大幅降低。同时提出了基于目标面积的 QP 自适应调节策略。实验结果表明，基于一次编码的优化算法可节省 4.2% 的 BD-rate，同时可有效降低分析失真，最高可降低 40% 的分析失真。

第六章

AVS2 编码性能优化

与 HEVC 相同，AVS2 编码器将视频序列分成图像组进行编码及参考帧管理。考虑到 AVS2 在 RA 配置中是采用时域层（hierarchical B prediction，HBP）结构制定参考规则和分配 QP。同时，为了保证用户的随机位置播放需求，编码器会周期性地插入随机访问帧（clean random access，CRA），将视频分为多个包含 CRA 的视频片段，每个视频片段包含 I 帧及多个 GoP。根据全局率失真优化理论，I 帧及前面 GoP 的编码参数选择会对后续 GoP 的编码性能造成影响。针对该问题，本章提出了 GoP 级量化参数自适应调节方法，以提升编码性能。

6.1 AVS2 中 GoP 级 QP 偏置自适应调节

在视频编码中，CRA‑帧插入周期（intra period，IP）与帧率有关。通常情况下每隔 1 秒，视频编码器会插入一个 CRA-帧。常见的有 FR = 60Hz，IP = 64；FR = 50Hz，IP = 48；FR = 30Hz，IP = 32；FR = 24Hz，IP = 24 等。若将介于两个 CRA-帧之间的 GoP 数量定义为 n，则 n 需要为 IP 的最小公倍数。

与 HEVC 不同，AVS2 中 QP 值的变化区间是 [0，63]，在 RA 结构下，当前帧的 QP 和 $Lambda$ 根据其所在时域层分配和计算。对于每一个编码图

像的 QP 分配来说，视频编码器通常按照它所在 HBP 中的层次依据预先配置 QP_Offset，进而计算当前帧的 QP。$Lambda$ 参数的计算则更加复杂，视频编码器会根据当前帧类型、QP 值、QP_factor 等因素计算得到。在视频编码中，$Lambda$ 和 QP 直接影响到编码过程中编码决策的选择，因此十分关键。

在视频编码器中，QP 需要预先在配置文件中设定。在编码开始时，视频编码器将根据预先设定的 QP_I 计算 $Lambda$，QP 与 $Lambda$ 之间的函数关系则由数据拟合得到，其中主要涉及两个关键参数：QP_Offset 和 QP_factor。QP_Offset 和 QP_factor 的取值与当前帧的时域层有关，一般通过查表法得到。AVS2 中 QP 的计算流程如图 6-1 所示，经过计算后得到的 QP 和 $Lambda$ 分别记为 QP_t^* 和 λ_t^*。

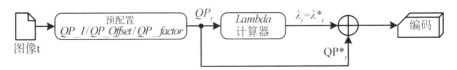

图 6-1　传统 QP 和 $Lambda$ 的计算过程

显然，图 6-1 中所示 QP 调节方法中的参数大都由经验式得到，无法适应复杂多变的视频内容，因此调节后的 QP 往往无法达到较好的编码性能，仍需开展帧级 QP 和 $Lambda$ 的调节与优化。2014 年 9 月，在南京举办的数字音视频编解码技术标准（AVS）会议上，提案 M3498 将时域依赖率失真优化方法集成到 AVS2 中，实现了块级 QP 自适应选择。该技术通过大量的实验，重新统计了编码块 QP 与 $Lambda$ 的关系，根据统计信息重新确定了 $Lambda$ 和 QP 的映射关系。图 6-2 展示了该技术更新 QP 的流程，REFINED_QP 为提案 M3498 中所提方法[197]。由于 REFINED_QP 技术核心源于基于时域依赖率失真优化方法，第四章中已有阐述，此处不再赘述。对比图 6-1 与图 6-2 可以看到，在计算过程中，两种方法种的 $Lambda$ 没有变化，而 QP 值在 REFINED_QP 计算后更新为 λ_t^*。

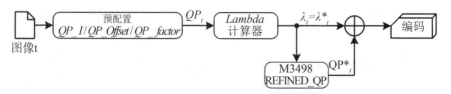

图 6-2　引入 REFINED_QP 技术后 *QP* 和 *Lambda* 的计算过程

2015 年 6 月，在昆明研的 AVS 会议上，提案 M3694 提出了一种 RA 结构下的 GoP 级 *QP_Offset* 调节方法，进一步提升了编码性能。图 6-3 展示了该方法的实施过程，图中 GoP AQPO 为提案 M3694 所提方法[198]。

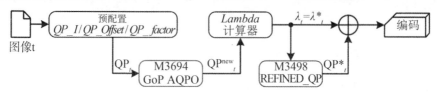

图 6-3　引入 GoP 级 *QP_Offset* 后 *QP* 和 *Lambda* 的计算过程

从图 6-3 中可以看出，GoP AQPO 首先对预配置的 *QP* 进行计算得到新的量化参数 QP_t^{new}，而后将 QP_t^{new} 带入 *Lambda* 计算器获得新的 *Lambda* 参数 λ_t，最后采用 REFINED_QP 技术得到 QP_t。对比图 6-3 与图 6-2 可以发现，采用提案 M3694 中 GoP AQPO 技术和提案 M3498 中 REFINED_QP 技术共同计算得到最终的 *QP* 和 *Lambda*，整个过程较复杂。另外需要指出的是，GoP AQPO 的计算结果经过 *Lambda* 计算器后将被放大或者缩小，造成最终结果误差较大。

<h2>6.2　算法改进</h2>

针对 6.1 节所述问题，本节提出了自适应 GoP 量化参数偏移调节方法，对 GoP AQPO 技术进行改进，具体算法流程如图 6-4 所示。首先，改进方案将 GoP AQPO 置于 Lambda 计算之后，避免了 GoP AQPO 在修订 *QP* 后由 *Lambda* 计算器造成的误差。然后，根据 GoP AQPO 计算得出的 *QP* 经由

REFINED_QP 更新为最终的 QP，该过程充分考虑了 REFINED_QP 中拟合的 QP 与 $Lambda$ 的函数关系，使得最终的 λ_t 值能够达到 GoP AQPO 的期望值。因此，若同时开启 GoP AQPO 和 REFINED_QP，则 AVS2 编码器在 RA 配置下将使用全新的 QP 和 $Lambda$ 进行编码，进而提升编码性能 。改进算法支持任意 GoP 编码结构，避免查表法无法自适应 GoP 编码结构的缺点，算法适用性更强。

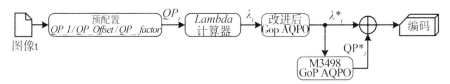

图 6-4　改进后的 QP 和 $Lambda$ 的计算过程

6.2.1　GoP 间的影响强度分析

在 AVS2 中，编码帧可以参考处于不同 GoP 中的重建帧[198]。另外，根据时域依赖率失真优化理论，被参考帧的压缩失真会在后续编码帧中传播。为了描述压缩失真的传播过程，本小节根据编码帧之间的参考关系，构建了基于参考时序的分级参考链。以图 6-5 为例，POC 为 8 的编码帧直接参考 POC 为 0 的重建帧，表示一级参考，用实线箭头表示。POC 为 9 的编码帧直接参考 POC 为 8 的重建帧，而 POC 为 8 的重建帧又直接参考 POC 为 0 的重建帧。因此，可以认为 POC 为 9 的编码帧间接参考了 POC 为 0 的重建帧，并将这种间接参考关系定义为二级参考，用虚线箭头表示，以此类推。图中 POC 为编码帧时序，DOC（decoding order counts）为解码时序。

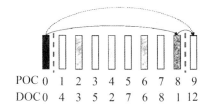

图 6-5　跨 GoP 直接参考和间接参考关系

在编码帧参考过程中，不同时域层的编码帧的重要性不同。同时，根据图 6-5 所示跨 GoP 直接参考和间接参考关系，不同 GoP 之间的重要性也不同。此处引入影响强度来衡量 GoP 间 的参考关系与重要性。从图 6-5 中可以看出，每个 GoP 的影响强度与该 GoP 中每帧的参考级数有关。因此，定义参考级数的影响强度为

$$w(\tau) = \alpha^{\tau}, \tau = 1, 2, \cdots, m \tag{6-1}$$

其中，$w(\tau)$ 表示 GoP 中参考级数为 τ 的影响强度；衰减因子 α 取值为经验值 $1/2$；m 为参考级数。

假设 GoP 中编码帧的 τ 级参考次数为 $N(\tau)$，则第 k 个 GoP 影响强度为

$$W_k = \sum_{\tau=1}^{m} w(\tau) \cdot N(\tau) = \sum_{\tau=1}^{m} \alpha^{\tau} \cdot N(\tau) \tag{6-2}$$

由式（6-2）可得出第 i 个 GoP 的归一化影响强度为

$$\Delta \bar{W}_i = \frac{W_0 - W_i}{W_0} \tag{6-3}$$

其中，W_0 表示第 0 个 GoP 的影响强度，W_k 表示第 k 个 GoP 的影响强度。

图 6-6 展示了一个 IP 中 GoP 数量为 4 时 GoP 之间的参考关系。根据图 6-6 所示示例，统计不同 GoP 数量的参考关系，计算图 6-6 中各 GoP 的影响强度，结果见表 6-1。

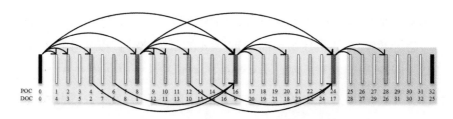

图 6-6   数量为 4 时跨 GoP 直接影响

表 6-1   数目为 n 时各个 GoP 的影响强度统计

GoP	$N(\tau)$								
	1	2	3	4	5	$\cdots$	$i+1$	$i+2$	W
$n-1$	3	0	0	0	0	0	0	0	1.5

续表

GoP	$N(\tau)$								
	1	2	3	4	5	⋯	$i+1$	$i+2$	W
$n-2$	6	9	0	0	0	0	0	0	5.25
$n-3$	7	14	6	0	0	0	0	0	7.75
$n-4$	7	17	15	0	0	0	0	0	9.625
$n-5$	7	18	20	6	0	0	0	0	10.875
$n-6$	7	18	23	15	0	0	0	0	11.8125
$n-7$	7	18	24	20	6	0	0	0	12.4375
$n-8$	7	18	24	23	15	0	0	0	12.90625
$n-9$	7	18	24	24	20	6	0	0	13.21875
⋯	⋯	⋯	⋯	⋯	⋯	⋯	⋯	⋯	⋯

由于参考关系具有迭代性，可推导出 W_i 的函数关系为

$$W_i = 1.5 + 7.5 \times \left(1 - \frac{1}{2^{\lceil (n-i)/2 \rceil}}\right) + 5 \times \left(1 - \frac{1}{2^{\lceil (n-i-1)/2 \rceil}}\right) \tag{6-4}$$

其中，n 为序列的 GoP 数目，i 为当前 GoP 的索引，i 的取值为 0 至 $n-1$。

那么，可以得到归一化影响强度 $\Delta \bar{W}_i$ 的函数表达式为

$$\Delta \bar{W}_i = \frac{7.5 \times \left(\frac{1}{2^{\lceil (n-i)/2 \rceil}} - \frac{1}{2^{(n/2)}}\right) + 5 \times \left(\frac{1}{2^{\lceil (n-i-1)/2 \rceil}} - \frac{1}{2^{\lceil (n-1)/2 \rceil}}\right)}{14 - 7.5 \times \frac{1}{2^{(n/2)}} - 5 \times \frac{1}{2^{\lceil (n-1)/2 \rceil}}} \tag{6-5}$$

由式（6-5）可得，归一化影响强度越大当前 GoP 的重要性越小。

6.2.2 自适应 GoP 量化参数偏移的调节方法

由式（6-5）所示归一化影响强度可进一步计算出 GoP 的量化参数偏移 QP_Offset。在 RA 配置下，GoP 级自适应量化参数偏移参数的分配规则如下：

（1）定义 GoP 级量化参数偏置可调节的最大范围为 2。

（2）考虑 $\Delta \bar{W}_i$ 在 GoP 数目较多时会出现拖尾效应，因此，对 $\Delta \bar{W}_i$ 进行随 GoP 数目变化的修正。

（3）GoP 数目为 n 时，GoP 级的 *QP_Offset* 的分配规则如式（6-6）所示。其中 i 为当前 GoP 的索引，取值为 0 至 $n-1$。

$$QP\_Offset\ (i)\ =\begin{cases}0,\ \Delta \bar{W}_i \leqslant 0.8 \\ 1,\ 0.8 < \Delta \bar{W}_i < 1.0 \\ 2,\ \Delta \bar{W}_i \geqslant 1.0\end{cases} \qquad (6\text{-}6)$$

表 6-2 给出了在 AVS2 参考软件 RD17.0 规定的几种通用 GoP 数目条件下，常见 GoP 级的 *QP_Offset* 设置对照情况。同时，算法 1 给出了本节提出的自适应 GoP 量化参数偏移调节方法的实现细节。

表 6-2　几种常见 GoP 级 *QP_Offset* 设置

序号	GoP				
	8	6	4	3	2
0	0	0	0	0	0
1	1	1	0	0	1
2	1	1	1	1	N/A
3	1	2	2	N/A	N/A
4	2	2	N/A	N/A	N/A
5	2	2	N/A	N/A	N/A
6	2	N/A	N/A	N/A	N/A
7	2	N/A	N/A	N/A	N/A

算法 1：自适应 GoP 量化参数偏移调节方法实现细节

输入：任意 GoP 数目 n；

输出：GoP 级 *QP_Offset*（QP_{Offset}^{Base}）；

读取 GoP 的数目 n，统计 GoP 间的参考关系；

根据式（6-5）计算 GoP 的归一化影响程度 $\Delta \bar{W}_i$；

根据 $\Delta \bar{W}_i$ 和式（6-6）计算 QP_{Offset}^{Base}；

计算帧级 QP，$QP = QP^{Base} + QP_{Offset}^{Base}（k）+ QP_{Offset}^{Pic}（l）$；

根据帧级 QP 计算 $Lambda$。

6.2.3　GoP16 下 GoP 级量化参数偏移的调节方法

在 AVS2 中，GoP 中编码帧的数量可扩展至 16 ，记为 GoP16。显然，在 GoP16 配置下，在一个 IP 内 GoP 数量会减少。针对该情况，本小节提出了基于 RA 编码结构中 GoP16 下 GoP 量化参数偏移的调节方法。

表 6-3 与表 6-4 分别为 GoP16 与 GoP8 时，仅开启 REFINED_QP 技术时不同层级的 QP 情况。在表 6-3 中，I 表示 I 帧，F 表示 POC 为 16 的编码帧，时域层 0 表示 POC 为 8 的编码帧，时域层 1 表示 POC 为 4 的编码帧，时域层 2 表示 POC 为 2 的编码帧，时域层 3 表示 POC 为 1 的编码帧。在表 6-4 中，I 表示 I 帧，F 表示 POC 为 8 的编码帧，时域层 0 表示 POC 为 4 的编码帧，时域层 1 表示 POC 为 2 的编码帧，时域层 2 表示 POC 为 1 的编码帧。对比表 6-3 和表 6-4 可以看出，GoP16 与 GoP8 相比，GoP16 在高时域层中在高 QP 下的帧数变多。结合算法 1，GoP16 下 GoP 量化参数偏移调节的具体实现过程见算法 2 。

表 6-3　GoP16 开启 REFINED_QP 技术时不同层级的 QP

QP 测点	I	F	时域层 0	时域层 1	时域层 2	时域层 3
27	25	28	33	34	36	37
32	30	33	39	41	42	43
38	36	38	47	48	49	50
45	43	45	54	55	56	57

表 6-4　GoP8 开启 REFINED_QP 技术时不同层级的 QP

QP 测点	I	F	时域层 0	时域层 1	时域层 2
27	25	28	33	34	37
32	30	33	39	41	43
38	36	38	47	48	50
45	43	45	54	55	57

算法 2：GoP16 下 GoP 量化参数偏移调节方法具体实现过程

输入：任意 GoP 数目 n

输出：GoP 级 QP_Offset（QP_{Offset}^{Base}）

读取 GoP 的数目 n，统计 GoP 间的参考关系；

判断 GoP 的数目 n 是否大于 2，若大于 2 则执行 Step3，否则退出；

根据式（6-5）计算 GoP 的归一化影响程度 $\Delta \bar{W}_i$；

根据 $\Delta \bar{W}_i$ 和式（6-6）计算 QP_{Offset}^{Base}；

计算帧级 QP，$QP = QP^{Base} + QP_{Offset}^{Base}（k）+ QP_{Offset}^{Pic}（l）$；

根据帧级 QP 计算 $Lambda$。

表 6-5　GoP16 下常见 GoP 数目下 GoP 的 QP_Offset 设置

序号	GoP				
	8	6	4	3	2
0	0	0	0	0	0
1	1	1	0	0	0
2	1	1	1	1	N/A
3	1	2	2	N/A	N/A
4	2	2	N/A	N/A	N/A
5	2	2	N/A	N/A	N/A
6	2	N/A	N/A	N/A	N/A
7	2	N/A	N/A	N/A	N/A

6.3 层级 *QP* 自适应调节

6.2 节中重点阐述了 GoP 级量化参数的调节，本节瞄准层级 *QP* 自适应调节问题，提出了层级 *QP* 修正方法，同时将时域依赖率失真优化方法集成到 AVS2 的编码器[199]中。

6.3.1 时域率失真优化

为了解决率失真技术的时域依赖问题，首先对 AVS2 的编码器中 RA 配置下分层编码结构的参考关系进行分析。RA 配置采用分层编码结构，即循环 GoP 结构，其中每层的 *QP* 值分配和参考帧集将在各 GoP 中重复使用。每个 GoP 通常由八帧组成，每帧的计数有两种格式：编码顺序计数（encoding order counts，EOC）和图片顺序计数（picture order count，POC）。GoP 中各编码帧依据所属时域层分配 *QP*。已有实验证明，当前帧中的大多数编码单元倾向于选择具有相对高质量的帧或与其时域距离相近的帧作为参考帧。图 6-7 展示了编码帧之间的参考关系，同时也反映了编码帧之间的时域依赖性。从图 6-7 中可以看出，低时域层中编码帧的编码性能会对后续编码帧产生很大的影响，而高时域层中编码帧对后续帧的影响较小。由于高时域层编码帧（如 POC 为 1、3、5）不被用作参考帧，因此，不会对其他帧造成影响。

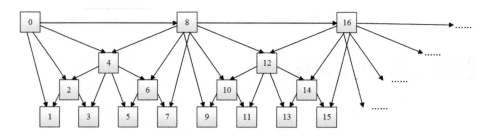

图 6-7　GoP 各编码帧之间的参考关系

根据图 6-7 可建立信源失真的时域传播链，时域传播链的构建过程已在 4.3.1 节中详细阐述，此处不在赘述。直接引用 4.3.1 节所述结果可得编码失真加权项 β_i，如式（6-7）所示：

$$\beta_i = \alpha \cdot \frac{D_i}{D_i^{MCP}} = \alpha \cdot F\left(\frac{\sqrt{2}Q}{\sqrt{D_i^{MCP}}}\right) \tag{6-7}$$

记 k_i 为编码单元 i 的传播因子，当传播因子较大时，代表编码单元 i 的失真对后续编码单元的影响更大，表示为

$$k_i = \sum_{s=i+1}^{N} \prod_{t=i+1}^{s} \beta_t \tag{6-8}$$

最终的优化问题，就可简化为

$$\min_{o_i}\left\{\left(1 + \sum_{s=i+1}^{N}\prod_{t=i+1}^{s}\beta_t\right)D_i + \lambda_g \cdot R_i\right\} \tag{6-9}$$

$$\min_{o_i}\left\{D_i + \frac{\lambda_g}{1+\kappa_i} \cdot R_i\right\} \tag{6-10}$$

在 RA 配置的编码结构下，编码序不等于解码序，即 $EOC = f_{EOC}(\text{POC})$，则对于时域层 0 的帧（如 POC 为 8），也称为关键帧，其率失真优化问题可表示为

$$\min_{o_{f_{\infty}(8n+8)}}\left\{\sum_{i=f_{\infty}(8n+8)}^{K} D_i\left(o_{f_{\infty}(8n+8)}, o_{f_{\infty}(8n+4)}^*, \cdots, o_j^*\right) + \lambda_g R_{f_{\infty}(8n+8)}\left(o_{f_{\infty}(8n+8)}\right)\right\} \tag{6-11}$$

对于时域层 1 和时域层 2，需要特别强调的是式（6-12）。以时域层 1 为例，处于该层中帧的编码单元可以是前向预测、后向预测，或者双向预测。因此，在考虑这一层的编码单元的传播链时，需要考虑其预测方向。

$$D_{8n+4}^{MCP} = \min\{D_{8n+4}^{MCP,F} D_{8n+4}^{MCP,B} D_{8n+4}^{MCP,bi}\} \tag{6-12}$$

对于时域层 3 的帧，因为这一层的帧 $POC = 2n+1$，不会再被当做参考

帧，因此，$k_{2n+1}=0$。故这一层的$\lambda_g = \lambda_{AVS}$。

6.3.2 层级 QP 修正方法

前面分析已得出，时域层 0 中编码帧的编码性能会对后续编码帧产生很大的影响，而高时域层中编码帧对后续编码帧的影响较小。同时，中间时域层（时域层 1、时域层 2）的编码帧同样会被当作参考帧，其编码质量也十分重要。表 6-6 展示了 AVS2 中 RA 配置下的 QP 分配，显然各时域层下的 QP 分配不是最优的。因此，本小节对各时域层 QP 进行修正，具体 QP 分配见表 6-7。

表 6-6　不同时域层的 QP 设置

测点 QP	QP				
	I 帧	时域层 0	时域层 1	时域层 2	时域层 3
27	25	28	33	34	37
32	30	33	39	41	43
38	36	38	47	48	50
45	43	45	54	55	57

调整后通测的四个测点，其不同时域层的 QP 如时域层 0 所示。

表 6-7　调整后不同时域层的 QP 设置

测点 QP	QP				
	I 帧	时域层 0	时域层 1	时域层 2	时域层 3
27	25	30	31	33	37
32	30	35	37	40	43
38	36	40	45	47	50
45	43	47	52	54	57

6.3.3 亮度色度比特分配调节

在 AVS2 编码器中，亮度分量与色度分量在 RDO 中采用相同的拉格朗日乘子 *Lambda*，导致色度分量的编码性能无法达到最优。同时，AVS2 编码器中色度分量分配的比特相对较少，因此适当增加色度分量的比特分配，可提升其重建质量，进而提升整体编码性能。表 6-8 展示了通测 *QP* 测点 *Lambda* 系数的调整情况。

表 6-8　色度的拉格朗日乘子调整系数

测点	色度的拉格郎日乘子调整系数
27	0.95
32	0.90
37	0.85
45	0.80

6.4　实验结果

为了验证算法的有效性，本实验以 RD17.0 为算法实验平台[166]。仿真实验按照 AVS2 提出的通用测试条件执行。在仿真实验中，总共有 5 个不同尺寸的测试视频（UHD、1080p、WVGA、WQVGA、720p），视频的尺寸从 1280×720 到 3840×2160。

6.4.1 评估改进的 GoP 级 *QP* 自适应调节算法

为了验证算法 1 的有效性，本实验在 RD17.0 平台上进行 RA 通测性能

比较。Anchor 采用 RD17.0 的通测配置[200]，即开启 REFINED_QP；表 6-9 为开启 GoP AQPO 的测试结果，表 6-10 为本章提出的自适应 GoP 量化参数偏移调节方法的测试结果。

对比表 6-9 和表 6-10 可以看到，自适应 GoP 量化参数偏移调节方法的编码性能能平均节省 0.99% 的 BD-rate，而 GoP AQPO 的编码性能能平均节省 0.83% 的 BD-rate。可以看出，自适应 GoP 量化参数偏移调节方法的编码性能更好，且不增加编解码复杂度。算法 1 在 UHD 和 1080p 的性能上取得的增益效果明显，且算法 1 支持任意 GoP 数量，具有良好的兼容性。

表 6-9　M3 694 RA 测试性能比较

（单位:%）

Class	Anchor 和 GoP AQPO		
	Y	U	V
UHD	−0.86	−3.13	−3.60
1080p	−0.09	−1.75	−1.39
WVGA	−1.20	−3.13	−3.01
WQVGA	−0.67	−3.38	−3.17
720p	−1.51	−5.62	−6.64
Overall	−0.83	−3.05	−3.15
Enc. Time	99		
Dec. Time	92		

表 6-10　算法 1 RA 测试性能比较

（单位:%）

Class	Anchor 和本方法		
	Y	U	V
UHD	−0.99	−3.22	−3.84
1080p	−0.33	−1.56	−1.33
WVGA	−1.24	−2.99	−2.85
WQVGA	−0.77	−3.10	−3.09
720p	−1.80	−5.56	−6.77

续表

Class	Anchor 和本方法		
	Y	*U*	*V*
Overall	− 0. 99	− 2. 95	− 3. 14
Enc. Time	99		
Dec. Time	92		

6.4.2 评估 GoP16 下 GoP 级 *QP* 自适应调节算法

为了验证算法 2 的有效性，在 RD19.0 平台上进行了 RA 通测性能比较。Anchor 采用 RD19.0 的通测配置，即开启 REFINED_QP；表 6-11 为算法 2 在 （GoP16，8 Bit） 下的测试结果，表 6-12 为算法 2 在 （GoP16，10 Bit） 下的测试结果。

对比表 6-11 和表 6-12 可以看出，算法 2 在 GoP16、8 Bit 下的编码性能能平均节省 0. 25% 的 BD-rate、GoP16 在 10 Bit 下的编码性能能平均节省 0. 26% BD-rate，且不增加编解码复杂度。

表 6-11　RA 测试性能比较 （GoP16，8 Bit）

（单位:%）

Class	算法 2 和 Anchor		
	Y	*U*	*V*
UHD	− 0. 19	− 0. 61	− 0. 70
1080p	− 0. 01	− 0. 11	− 0. 15
WVGA	− 0. 32	− 0. 93	− 0. 84
WQVGA	− 0. 18	− 1. 24	− 1. 27
720p	− 0. 59	− 2. 21	− 2. 46
Overall	− 0. 25	− 1. 00	− 1. 06
Enc. Time	99		
Dec. Time	92		

表6-12　RA 测试性能比较（GoP16，10 Bit）

（单位:%）

Class	算法 2 和 Anchor		
	Y	U	V
UHD	−0.17	−0.56	−0.69
1080p	0.00	−0.23	−0.89
WVGA	−0.33	−1.07	−1.36
WQVGA	−0.20	−1.30	−2.80
720p	−0.61	−2.39	−1.14
Overall	−0.26	−1.09	−1.14
Enc. Time	99		
Dec. Time	92		

6.4.3　评估层级 QP 自适应调节算法

为了验证层级 QP 自适应调节算法的有效性，在 AVS2 的参考软件 RD14.2 上进行 RA 通测性能比较。表6-13 展示了仅采用层级 QP 修正方法的实验结果。从表6-13 可以看出，层级 QP 修正方法平均可节省 0.35% 的 BD-rate。表6-14 展示了采用 TDRDO 技术、层级 QP 修正方法以及亮度色度比特分配调节的实验结果。从表6-14 可以看出，本章提出的方法可以节省 1.15% 的 BD-rate，最高达到 2.05% 的编码增益，且在大分辨率序列1080p 时也有 1.2% 的编码增益。另外，表6-15 和表6-16 分别展示了本章所提方法在四个测点（QP 分别为 27、32、38、45）下，相对于 AVS 的参考软件 RD14.0 和 RD14.2 的编码时间与解码时间比率。从实验结果可以看出，本章所提方法的编码复杂度为 102.5%，解码复杂度为 99%。

表 6-13　层级 QP 修正技术和 Anchor

Class	BD-rate/%					
	UHD	1080 p	WVGA	WQVGA	720 p	平均
Y	− 0.06	− 1.21	0.37	0.13	− 0.68	− 0.35

表 6-14　编码性能对比

Class	BD-rate/%			
	YUV	Y	U	V
UHD	− 0.42	− 0.2	− 2.9	− 3.3
1080p	− 1.20	− 1.2	− 2.7	− 1.8
WVGA	− 0.93	− 0.9	− 1.3	− 1.5
WQVGA	− 0.96	− 0.9	− 1.7	− 1.8
720p	− 2.05	− 1.9	− 3.9	− 5.2
平均	− 1.15	− 1.1	− 2.4	− 2.5

表 6-15　与 RD14.0 的编码时间比率对比

Class	编码时间/秒		编码时间比率/%
	RD14.0	本章方法	
UHD	24.50	24.44	99.78
1080 p	16.73	17.93	107.16
WVGA	4.80	4.79	99.77
WQVGA	1.20	1.20	100.10
720 p	12.20	12.18	99.81
平均	11.50	11.78	102.48

表6-16　与 RD14.2 的编码时间比率对比

Class	编码时间/秒		编码时间比率/%
	RD14.2	本章方法	
UHD	137	135.67	99.38
1080p	114	112.27	99.83
WVGA	32	31.75	98.21
WQVGA	8.9	8.98	100.32
720p	64	63.50	99.09
平均	70	69.26	99.02

6.5 本章小结

本章对国内视频编码标准 AVS2 的一些技术进行了分析与研究，提出了一些优化和改进，得到了更好的编码性能，具体包括：

首先，解决了基于图像组 GoP 级的自适应量化参数偏移算法的兼容性和可拓展性问题，消除了早前查表法中最多仅支持 GoP 为 8 的固定配置，增强了编码器的兼容性。实验结果表明，该优化方法在不增加编解码复杂度的情况下节省了 0.99% 的 BD-rate，优化前的编码性能提升了 0.16%。

其次，针对 AVS2 随机访问 GoP 图像数扩展至 GoP 为 16 的编码配置情况，提出了 RA 配置下 GoP16 的 GoP 级量化参数偏移调节方法。实验结果表明，该方法与通测（GoP16，8 Bit）相比，可节省 0.25% 的 BD-rate；与通测（GoP 16，10 Bit）相比，可节省 0.26% 的 BD-rate。

最后，考虑相同或不同时域层中的不同帧之间的时域依赖性，将时域依赖的全局率失真优化技术集成到 AVS 2 编码器，并提出了层级 QP 修正方法。实验结果表明，提出的层级 QP 修正方法在 RA 配置下，可平均节省约 0.35% BD-rate；在 RA 配置下，结合基于时域依赖的 RDO 方法和层级 QP 修正方法，可平均节省约 1.15% 的 BD-rate，且编解码时间几乎不变。

149

第七章

总结与展望

7.1 研究总结

全书从率失真优化技术及其应用的角度出发，围绕视频编码优化展开研究工作，全书总结如下：

（1）针对现有帧内多核变换方法复杂度较高的问题开展研究工作，分析了最新发展的帧内预测技术和变换方法的优缺点，充分考虑了最新帧内预测技术采用密集的角度预测的特点，将编码时间复杂度引入帧内预测的模式选择和变换核选择的率失真优化过程。为此，提出了相邻帧内预测模式的对偶互换机制，使得相邻的帧内角度预测模式可采用不同的水平和垂直变换核。分析了对偶互换机制的编码时间复杂度和可达的最优编码性能。通过统计实验观测到预测残差会呈现方向性，根据这一统计实验结果设计了亮度和色度分量的模式依赖变换核查找表。结合对偶互换机制，提出了相邻帧内预测模式的变换核选择方法，从而在编码性能和编码时间复杂度之间取得了较好的平衡。

（2）针对现有编码器难以高效压缩光场图像的问题，提出了基于伪视频序列的光场图像压缩算法框架：先将光场图像转化为子视点图像集并按照一定的视点扫描顺序生成伪视频序列，然后采用视频编码工具对伪视频

序列进行压缩。分析了基于伪视频序列的光场图像压缩算法的特点，通过改变伪视频序列中图像帧的顺序来建立更优的参考关系。综合考虑视差和视点间的质量差异，提出了新的视点扫描方式，使伪视频序列的相邻编码帧的质量差异尽可能小，提高了伪视频序列的时域相关性。

（3）采用时域依赖率失真优化思想，优化了 II 帧的量化参数设置，降低了 I 帧的编码失真对后续编码帧的影响，进一步提升了编码性能。对比分析了时域依赖率失真优化在不同子视点图像排序方法上的性能差异。

（4）针对视频压缩失真会对目标检测性能产生影响这一问题，阐明了该问题的关键是在有限带宽下，使压缩失真和分析失真最小，同时保持一定编码性能，以减小编码前后目标检测结果的差异。为了在获得准确的压缩失真和分析失真，以避免多次编码和目标检测，提出了基于二次编码的优化算法，构建了线性预测模型，利用压缩失真预测分析失真。通过统计实验构建了分析失真和码率之间的关联模型；将分析失真引入视频编码的率失真优化中，通过求解拉格朗日乘子实现码率、压缩失真和分析失真的优化；为了降低编码时间复杂度，进一步提出了基于一次编码的改进算法。该算法利用时域层级参考关系，采用低时域层级的压缩失真来预测高时域层级的压缩失真，从而在降低编码时间的同时，有效降低了压缩失真对目标检测的影响。

7.2 工作展望

率失真优化是视频编码中的核心问题，结合本书的工作，后续的研究工作可在以下几个方面展开：

（1）最新发展的帧内预测技术采用 67 种预测模式，可在相邻角度预测模式间增加预测方向，一方面可减小预测误差，另一方面结合本书提出的相邻帧内预测模式对偶互换机制可进一步提升变换效率。

（2）目前对现有光场数据压缩的研究主要集中在光场图像上，对于光场视频的高效编码有待进一步探索。

（3）光场图像的质量评估依旧是个开放性问题，在不同质量评价准则下的率失真优化具有研究意义。另外，现有光场图像压缩算法大都集中在提升编码性能上，没有考虑算法复杂度、内存开销及功耗等条件限制。因此，开展相关的研究具有较大的应用价值。

（4）本书研究了面向目标检测的视频编码优化。然而，对于其他视频内容分析任务，所提算法的鲁棒性有待进一步探讨。另外，目前深度学习在识别、分类等计算机视觉应用方面取得了巨大的进步，但现有算法的训练和测试大多在质量较好的图像上进行，没有充分考虑图像压缩失真的影响。因此，压缩失真在深度网络模型中如何影响具体内容分析算法的性能有待进一步探讨。

（5）面向内容分析的视频编码优化具有两面性，从视频编码的角度来看，需要研究更好的编码优化方法使编码前后的内容分析结果保持一致；从视频内容分析的角度来看，需要研究抗压缩失真的内容分析算法，提升视频内容分析算法的鲁棒性。

（6）在监控场景下，尤其是带宽受限及实时性要求高的情况下，保障视频关键信息的鲁棒传输是后续研究的关键。因此，有必要在本书内容的基础上开展端到端的率失真优化。

参考文献

[1] 刘祥龙，王蕊. 数字视音频编解码与电视传输网络技术[J]. 有线电视技术. 2004, 11 (21)：34-38.

[2] 杨正洪. 智慧城市：大数据、物联网和云计算之应用[M]. 北京：清华大学出版社, 2017.

[3] Battiato S, Castorina A, Mancuso M. High dynamic range imaging for digital still camera: an overview[J]. Journal of Electronic Imaging, 2003, 12(3)：459-469.

[4] Chang C I. Hyperspectral imaging: techniques for spectral detection and classification[M]. New York: Plenum Publishing Co. 2003.

[5] T. Wiegand, G. J. Sullivan, G. Bjontegaard, et al. Overview of the H. 264/AVC video coding standard[J]. IEEE Transactions on Circuits and Systems for Video Technology, 2003, 13(7)：560-576.

[6] Sullivan G J, Ohm J R, Han W J, et al. Overview of the high efficiency video coding (HEVC) standard[J]. IEEE Transactions on Circuits and Systems for Video Technology, 2012, 22(12)：1649-1688.

[7] Hewage C T E R, Karim H A, Worrall S, et al. Comparison of stereo video coding support in MPEG-4 MAC, H. 264/AVC and H. 264/SVC[C]. Processdings of IET International Conference on Visual Information Engineering, London, UK, 2007：1-6.

[8] Tripathi S, Piccineli E M, Aliprandi D. H. 264/AVC stereo video compression benchmarking[C]. International Workshop on Image Analysis for Multimedia, Desenzano del Garda, Italy, 2010：1-4.

[9] Vetro A, Wiegand T, Sullivan G J. Overview of the stereo and Multiview video coding extensions of the H. 264/MPEG-4 AVC standard[J]. Proceedings of the IEEE, 2011, 99 (4)：626-642.

[10] Ho Y S, Oh Y J. Overview of Multiview video coding[C]. Proceedings of International Conference on Systems, Signals and Image Processing, Maribor, Slovenia, 2007：5-12.

[11] Bartnik C, Bosse S, Brust H, et al. HEVC extension for Multiview video coding and Multiview video plus depth coding[R]. San Diego, CA, USA: VCEG, 2012.

[12] Levoy M. Light field and computational imaging[J]. Computer, 2006, 39(8): 46-55.

[13] Levoy M, Hanrahan P. Light field rendering[C]. Proceedings of Annual Conference on Computer Graphics and Interactive Techniques, New Orleans, LA, USA, 1996: 31-42.

[14] Ortega A, Ramchandran K. Rate-distortion methods for image and video compression[J]. IEEE Signal Processing Magazine, 1998, 15(6): 23-50.

[15] Sullivan G J, Wiegand T. Rate-distortion optimization for video compression[J]. IEEE Signal Processing Magazine, 1998, 15(6): 74-90.

[16] Richardson I E. Video codec design[M]. John Wiley and Sons Ltd, 2002.

[17] Chen J, Ye Y, Kim S. Algorithm description for versatile video coding and test model5 (VTM 5)[R]. Geneva, Switzerland: JVET, 2019.

[18] Hannuksela M M, Yan Y, Huang X H, et al. Overview of the Multiview high efficiency video coding (MV-HEVC) standard[C]. IEEE International Conference on Image Processing, Quebec City, Canada, 2015: 2154-2158.

[19] Tech G, Chen Y, Muller K, et al. Overview of the Multiview and 3D extensions of high efficiency video coding[J]. IEEE Transactions on Circuits and Systems for Video Technology, 2016, 26: 35-49.

[20] Xu J Z, Joshi R, Cohen R A. Overview of the emerging HEVC screen content coding extension[J]. IEEE Transactions on Circuits and Systems for Video Technology, 2016, 26 (1): 50-62.

[21] Boyce J M, Ye Y, Chen J, et al. Overview of SHVC: scalable extension of the high efficiency video coding standard[J]. IEEE Transactions on Circuits and Systems for Video Technology, 2016, 26(1): 20-34.

[22] Fan L, Ma S, Wu F. Overview of AVS video standard[C]. IEEE International Conference on Multimedia and Expo, Taipei, China, 2004: 1-4.

[23] Gao W. AVS standard - audio video coding standard workgroup of China[C]. International Conference on Wireless and Optical Communications, Newark, USA, 2005: 54.

[24] 黄铁军. AVS2 标准及未来展望[J]. 电视技术. 2014, 22: 7-10.

[25] Mukherjee D, Han J, Bankoski J, et al. A technical overview of VP9 - The latest open-

source video codec[C]. SMPTE Annual Technical Conference and Exhibition, Hollywood, CA, USA, 2015: 1-17.

[26] Bienik J, Uhrina M, Kuba M, et al. Performance of H. 264, H. 265, VP8 and VP9 compression standards for high resolutions[C]. International Conference on Network - Based Information Systems, Ostrava, Czech Republic, 2016: 246-252.

[27] Dan G, Nguyen T, Marpe D. Coding efficiency comparison of AV1/VP9, H. 265/MPEG - HEVC, and H. 264/MPEG - AVC encoders [C]. Picture Coding Symposium, Nuremberg, Germany, 2016: 1-5.

[28] Chen Y, Murherjee D, Han J, et al. An overview of core coding tools in the AV1 video codec[C]. Picture Coding Symposium, San Francisco, CA, USA, 2018: 41-45.

[29] Rao K R, Yip P. Discrete cosine transform algorithms, advantages and applications[M]. San Diego, CA, USA, Academic Press, 1990.

[30] Ahmed N, Natarajan T, Rao K R. Discrete cosine transform[J]. IEEE Transactions on Computers, 1974, 23(1): 90-93.

[31] Martucci S A. Symmetric convolution and the discrete dine and cosine transforms[J]. IEEE Transactions on Signal Processing, 1994, 42(5): 1038-1051.

[32] 毕厚杰, 王健. 新一代视频压缩编码标准: H. 264/AVC. 第2版[M]. 北京: 人民邮电出版社, 2009.

[33] 万帅, 杨付正. 新一代高效视频编码 H. 265/HEVC: 原理、标准与实现[M]. 北京: 电子工业出版社, 2014.

[34] Dony R. Karhunen - Loeve Transform[M]. Transform and Data Compression Handbook, Boca Raton, FL, USA: CRC Press, 2001.

[35] Yeo C, Tan Y H, L Zi. Low - complexity mode - dependent KLT fir block - based intra coding[C]. IEEE International Conference on Image Processing, Brussels, Belgium, 2011: 3685-3688.

[36] Cao X, He Y. Singular vector decomposition based adaptive transform for motion compensation residuals[C]. IEEE International Conference on Image Processing, Paris, France, 2014: 4127-4131.

[37] Saxena A, Femandes F C A. DCT/DST - based transform coding for intra prediction in image/video coding[J]. IEEE Transactions on Image Processing, 2013, 22(10): 3974

-3981.

[38] Choi K, Alshina E, Slashin A, et al. Adaptive multiple transform for chroma[R]. San Diego, CA, USA: JVET, 2016.

[39] Zhao X, Chen J, Karczwica M, et al. Enhanced multiple transform for video coding[C]. Data Compression Conference, Snowbird, USA, 2016: 73 -82.

[40] Ye Y, Karczwicz M. Improved H. 264 intra coding based on bidirectional intra prediction, directional transform, and adaptive coefficient scanning[C]. IEEE International Conference on Image Processing, San Diego, CA, USA, 2008: 2116 -2119.

[41] Xiong B, Zhu C. A new multiplication - free block matching criterion [J]. IEEE Transactions on Circuits and Systems for Video Technology, 2008, 18(10): 1441 -1446.

[42] Zhu C, Xiong B. Transform - exempted calculation of sum of absolute hadamard transformed differences[J]. IEEE Transactions on Circuits and Systems for Video Technology, 2009, 19 (8): 1183 -1188.

[43] Van X H, Jeon B. Flexible complexity control solution for transform domain Wyner - Ziv video coding[J]. IEEE Transactions on Broadcasting, 2012, 38(2): 209 -221.

[44] Yeo C, Tan Y H, Li Z, et al. Mode - dependent transforms for coding directional intra prediction residuals[J]. IEEE Transactions on Circuits and Systems for Video Technology, 2012, 22(4): 545 -555.

[45] Xu L, Ngan K N. Video content dependent directional transform for high performance video coding [C]. IEEE International Conference on Multimedia and Expo Workshops, Melbourne, Australian, 2012: 79 -83.

[46] Han J, Saxena A, Melkote V, et al. Jointly optimized spatial prediction and block transform for video and image coding[J]. IEEE Transactions on Image Processing, 2012, 21 (3): 1874 -1884.

[47] Zeng B, Fu J. Directional discrete cosine transforms: a new framework for image coding[J]. IEEE Transactions on Circuits and Systems for Video Technology, 2008, 18 (3): 305 -313.

[48] Yuan H, Chang Y, Lu Z, et al. Model based motion vector predictor for zoom motion[J]. IEEE Signal Processing Letters, 2010, 17(9): 787 -790.

[49] Yuan H, Liu J, Sun J, et al. Affine model based motion compensation prediction for zoom

[J]. IEEE Transactions on Multimedia, 2012, 14(4): 1370－1375.

[50] Lan C, Xu J, Shi G, et al. Exploiting non－local correlation via signal－dependent transform (SDT)[J]. IEEE Journal of Selected Topics in Signal Processing, 2011, 5(7): 1298－1308.

[51] Lan C, Xu J, Zeng W, et al. Variable block－sized signal－dependent transform for video coding[J]. IEEE Transactions on Circuits and Systems for Video Technology, 2018, 28 (8): 1920－1933.

[52] Aggoun A. A 3D DCT compression algorithm for omnidirectional integral images[C]. IEEE International Conference on Acoustics, Speech and Signal Processing, Toulouse, France, 2006: 517－520.

[53] Aggoun A. Compression of 3D integral images using 3D wavelet transform[J]. Journal of Display Technology, 2011, 7(11): 586－592.

[54] Magnor M, Endmann A, Girod B. Progressive compression and rendering of light fields[C]. Proceedings of Vision, Modeling and Visualization, Saarbrucken, Germany, 2000: 199－204.

[55] Xu D, Dai Q, Xu W. Data compression of light field using wavelet packet[C]. IEEE International Conference on Multimedia and Expo, Taipei, China, 2004: 1071－1074.

[56] Chang L C, Zhu X, Ramanathan P, et al. Light field compression using disparity－compensated lifting and shape adaptation[J]. IEEE Transactions on Image Processing, 2006, 15(4): 793－806.

[57] Sakamoto T, Kodama K, Hamamoto T. A novel scheme for 4－D light－field compression based on 3－D representation by multi－focus images[C]. IEEE International Conference on Image Processing, Orlando, 2012: 2901－2904.

[58] Choudhury C, Tarun Y, Raiwade A, et al. Low bit－rate compression of video and light field data using coded snapshots and learned dictionaries[C]. IEEE International Workshop on Multimedia Signal Processing, Xiamen, China, 2015: 1－6.

[59] Liang C K. Predictive light field compression [P]. US, 20160212443A1, September 18, 2017.

[60] Su X, Rizkallah M, Maugey T, et al. Graph－based light fields representation and coding using geometry information [C]. IEEE International Conference on Image Processing,

Beijing, China, 2017: 1 – 5.

[61] Viola I, Maretic P H, Frossard P, et al. A graph learning approach for light field image compression[C]. Applications of Digital Image Processing XLI, San Diego, CA, USA, 2018: 1 – 12.

[62] Rizkallah M, Su X, Maugey T, et al. Graph – based transform for predictive light field compression based on super – pixels[C]. IEEE International Conference on Acoustics, Speech and Signal Processing, Calgary, Canada, 2018: 1718 – 1722.

[63] Elias V, Martins A W. On the use of graph Fourier transform for light0field compression[J]. Journal of Communication and Information Systems, 2018, 33(1): 92 – 103.

[64] Chao H, Cheung G, Ortega A. Pre – demosaic light field image compression using graph lifting transform[C]. IEEE International Conference on Image Processing, Beijing, China, 2017: 1 – 5.

[65] Dai F, Zhang J, Ma Y, et al. Lenslet image compression scheme based on subaperture images streaming[C]. IEEE International Conference on Image Processing, Quebec, Canada, 2015: 4733 – 4737.

[66] Liu D, Wang L, Li L, et al. Pseudo – sequence based light field image compression[C]. IEEE International Workshops on Multimedia Expo, Seattle, WA, USA, 2016: 1 – 4.

[67] Viola I, Rerabek M, Ebrahimi T. Comparison and evaluation of light field image coding approaches[J]. IEEE Journal of Selected Topics in Signal Processing, 2017, 11(7): 1092 – 1106.

[68] Li L, Li Z, Li B, et al. Pseudo sequence based 2 – D hierarchical coding structure for light field image compression[J]. IEEE Journal of Selected Topics in Signal Processing, 2017, 11(7): 1107 – 1119.

[69] Dricot A, Jung J, Cagnazzo M, et al. Improved integral images compression based on multi – view extraction[C]. SPIE Applications of Digital Image Processing XXXIX, San Diego, CA, USA, 2016: 99710L – 1 – 99710L – 8.

[70] Dricot A, Jung J, Cagnazzo M, et al. Integral images compression scheme based on view extraction[C]. European Signal Processing Conference, Nice, France, 2015, 101 – 105.

[71] Moinard M, Amonou I, Duhamel P, et al. A set of template matching predictors for intra video coding[C]. IEEE International Conference on Acoustics, Speech and Signal

Processing, Dallas, TX, USA, 2010: 1422 - 1425

[72] Alain M, Guillemot C, Thoreau D, et al. Inter - prediction methods based on linear emnedding for video compression[J]. Signal Processing: Image Communication, 2015, 37: 47 - 57.

[73] Li Y, Sjostrom M, Olsson R, et al, Efficient intra prediction scheme for light field image compression [C] . IEEE International Conference on Acoustic, Speech and Signal Processing, Florence, Italy, 2014: 1 - 5.

[74] Lucsa L, Conti C, Nunes P, et al. Local linear embedding - based prediction for 3D holoscopic image coding using HEVC[C]. European Signal Processing, Lisbon, Portugal, 2014: 11 - 15.

[75] Monteiro R, Nunes P, Rodrigues N, et al. Light field image coding using high - order intra block prediction[J]. IEEE Journal of Selected Topics in Signal Processing, 2017, 11(7): 1120 - 1131.

[76] Chen J, Hou J, Chou L R. Light field compression with disparity - guided sparse coding based on structure key views[J]. IEEE Transactions on Image Processing, 2018, 27(1): 314 - 324.

[77] Zhao S, Chen Z. Light field image coding via linear approximation prior [C] . IEEE International Conference on Image Processing, Beijing, China, 2017: 4562 - 4566.

[78] Jiang X, Pendu M L, Frarrugua R, et al. Light field compression with homography - based low rank approximation[J]. IEEE Journal of Selected Topics in Signal Processing, 2017, 11(7): 1132 - 1145.

[79] Schelkens K, Alpaslan Z Y, Ebrahimi T, et al. JPEG Pleno: a standard framework for representing and signaling plenoptic modalities[C]. SPIE Applications of Digital Image Processing XLI, San Diego, CA, USA, 2018: 10752, 107521P - 1 - 107521P - 10.

[80] Ebrahimi T, Foessel S, Pereira F, et al. JPEG Pleno: toward an efficient representation of visual reality[J]. IEEE Multimedia, 2016, 23(4): 14 - 20.

[81] Bakir N, Hamidouche W, Deforges O, et al. Light field image compression based on convolutional neural networks and linear approximation[C]. IEEE International Conference on Image Processing, Athens, Greece, 2018: 1128 - 1132.

[82] Li Y, Sjostrom M, Olsson R, et al. Scalable coding of plenoptic images by using a sparse

set and disparities[J]. IEEE Transactions on Circuits and Systems for Video Technology, 2016, 25(1): 80 - 91.

[83]Astola P, Tabus I. WaSP: hierarchical warping, merging, and sparse prediction for light field image compression [C]. European Workshop on Visual Information Processing, Tampere, Finland, 2018: 1 - 6.

[84]Astola P, Tabus I. Light field compression of HDCA images combining linear prediction and JPEG 2000 [C]. European Signal Processing Conference, Rome, Italy, 2018: 1874 - 1878.

[85]Helin P, Astola P, Rao B, et al. Minimum description length sparse modeling and region merging for lossless plenoptic image compression[J]. IEEE Journal of Selected Topics in Signal Processing, 2017, 11(7) : 1146 - 1161.

[86]Xing P, Tian Y, Huang T, et al. Surveillance video coding with quadtree partition based ROI extraction[C]. Picture Coding Symposium, San Jose, CA, USA, 2013: 157 - 160.

[87]Grois D, Hadar O. Complexity - aware adaptive preprocessing scheme for region - of - interest spatial scalable video coding[J]. IEEE Transactions on Circuits and Systems for Video Technology, 2014, 24(6): 1025 - 1039.

[88]Zhang X, Tian Y, Huang T, et al. Optimizing the hierarchical prediction and coding in HEVC for surveillance and conference videos with background modeling [J]. IEEE Transactions on Image Processing, 2014, 23(10): 4511 - 4526.

[89]Liu Y, Li Z G, Soh Y C. Region - of - interest based resource allocation for conversational video communication of H. 264/AVC[J]. IEEE Transactions on Circuits and Systems for Video Technology, 2008, 18(1): 134 - 139.

[90]Xiong B, Fan X, Zhu C, et al. Face Region Based Conversational Video Coding[J]. IEEE Transactions on Circuits and Systems for Video Technology, 2011, 21(7): 917 - 931.

[91]Zhao W, Fu J, Lu Y, et al. Region - of - interest based coding scheme for synthesized video[C]. Visual Communications and Image Processing, Singapore, 2015: 1 - 4.

[92]Tiwari M , Cosman P C. Selection of long - term reference frames in dual - frame video coding using simulated annealing[J]. IEEE Signal Processing Letters, 2008, 15: 249 - 252.

[93]Pushkar G and Amrutur B. Skip decision and reference frame selection for low - complexity

H. 264/AVC surveillance video coding[J]. IEEE Transactions on Circuits and Systems for Video Technology, 2014, 24(7): 1156 – 1169.

[94]Paul M, Lin W, Lau C, et al. A long – term reference frame for hierarchical B – picture – based video coding[J]. IEEE Transactions on Circuits and Systems for Video Technology, 2014, 24(10): 1729 – 1742.

[95]Zhang X, Tian Y, Huang T, et al. Optimizing the hierarchical prediction and coding in HEVC for surveillance and conference videos with background modeling [J] . IEEE Transactions on Image Processing, 2014, 23(10): 4511 – 4526.

[96]Chen F D, Li H Q, Li L, et al. Block – composed background reference for high efficiency video coding[J]. IEEE Transactions on Circuits and Systems for Video Technology, 2016, 27(12): 2639 – 2651.

[97]Redondi A, Baroffio L, Cesana M, et al. Compress – then – analysis vs. analysis – then – compress: Two paradigms for image analysis in visual sensor networks [C] . IEEE International Workshop on Multimedia Signal Processing, San Jose, CA, USA, 2013: 278 – 282.

[98] Baroffio L, Cesana M, Redondi A, et al. Coding visual features extracted from video sequences[J]. IEEE Transactions on Image Processing, 2014, 23(5): 2262 – 2276.

[99]Baroffio L, Ascenso J, Cesana M, et al. Coding binary local features extracted from video sequences[C]. IEEE International Conference on Image Processing, Paris, France, 2014: 2794 – 2798.

[100]Chao J, Steinbach E. Keypoint encoding for improved feature extraction from compressed video at low bitrates[J]. IEEE Transactions on Multimedia, 2016, 18(1): 25 – 39.

[101]Korshunov P, Ooi W T. Critical video quality for distributed automated video surveillance [C]. ACM Multimedia, Singapore, 2005: 151 – 160.

[102] Kokiopoulou E, Frossard P. Semantic coding by supervised dimensionality reduction[J] . IEEE Transaction on Multimedia, 2008, 10(5): 806 – 818.

[103]Liao L, Hu R, J. Xiao J, et al. An analysis – oriented ROI based coding approach on surveillance video data [C]. Advances in Multimedia Information Processing, Xi'an, China, 2016: 428 – 438

[104]Duan L, Chandrasekhar V, Chen J, et al. Overview of the MPEG – CDVS standard[J]

. IEEE Transactions on Image Processing, 2016, 25(1): 179 - 194.

[105] Duan L, Lou Y, Bai Y, et al. Compact descriptors for video analysis: the emerging MPEG standard[J]. IEEE Multimedia, 2019, 26(2): 44 - 54.

[106] Smart Sensing - MPEG128. Standard ISO/IEC/JTC1/SC29/WG11/M50966[R], 2019.

[107] Smart TiledCDVA - MPEG128. Standard ISO/IEC/JTC1/SC29/WG11/M50976 [R], 2019.

[108] SuperCDVA - MPEG128. Standard ISO/IEC/JTC1/SC29/WG11/M50974[R], 2019.

[109] Xin L, Shi J, Chen Z. Task - driven semantic coding via reinforcement learning[J]. IEEE Transactions on Image Processing, 2021, 30: 6307 - 6320.

[110] Huang Z, Jia C, Wang S, et al. Visual analysis motivated rate - distortion model for image coding[C]. IEEE International Conference on Multimedia and Expo (ICME), Shenzhen, China, 2021.

[111] Chamain L D, Racape F, Begaint J, et al. End - to - end optimized image compression for multiple machine tasks[J]. arXiV preprint arXiv: 2013. 04178, 2021.

[112] Alvar S, Bajic I. Multi - task learning with compressible features for collaborative intelligence [C] . IEEE International Conference on Image Processing, Taipei, China, 2019

[113] Alvar S, Bajic I. Paretp - optimal bit allocation for collaborative intelligence[J]. IEEE Transaction on Image Processing, 2021, 30: 3348 - 3361.

[114] Hu Y, Yang W, Huang H, et al. Revisit visual representation in analysis taxonomy: a compression perspective[J]. arXiV preprint arXiv: 2106. 08512, 2021.

[115] Chen T, Kornblith S, Norouzi M, et al. A simple framework for contrastive learning of visual representations[C]. Proceedings of the 37th International Conference on Machine Learning (PMLR), New York, USA, 2020: 1597 - 1607.

[116] Chen X, He K. Exploring simple Siamese representation learning[C]. IEEE International Conference on Computer Vision and Pattern Recognition, Nashville, TN, USA, 2021: 15745 - 15753.

[117] He K, Fan H, Wu Y, et al. Momentum contrast for unsupervised visual representation learning[C]. IEEE International Conference on Computer Vision and Pattern Recognition, Seattle, WA, USA, 2020: 9726 - 9735.

［118］Feng R, Jin X, Guo Z, et al. Image coding for machines with omnipotent feature learning ［C］. European Conference on Computer Vision, Tel Aviv, Isreal, 2022: 510-528.

［119］Sun S, He T, Chen Z. Semantic structure image coding framework for multiple intelligent applications［J］. IEEE Transaction on Circuits and Systems for Video Technology, 2021, 31(9): 3631-3642.

［120］Jin X, Feng R, Sun S, et al. Semantic video coding: instill static-dynamic clues into structured bitstream for AI tasks［J］. Journal of Visual Communication and Image Representation, 2023, 93: 103816.

［121］Zhang Y, Shi M, Yu L, et al. Proposed refinement and questions for requirements for video coding for machines (VCM)［R］. ISO/IEC/JTC1/SC29/WG11/M52547, 2020.

［122］Xia S, Liang K, Yang W, et al. An emerging coding paradigm VCM: a scalable coding approach beyond feature and signal［C］. IEEE International Conference on Multimedia and Expo (ICME), London, UK, 2020: 1-6.

［123］Duan L, Liu J, Yang W, et al. Video coding for machine: a paradigm of collaborative compression and intelligent analytics［J］. IEEE Transactions on Image Processing, 2020, 29: 8680-8695.

［124］Choi H, Bajic I. Scalable video coding for humans and machines［C］. IEEE International Workshop on Multimedia Signal Processing (MMSP), Shanghai, China, 2022: 1-6.

［125］Yang W, Huang H, Hu Y, et al. Video coding for machines: compact visual representation compression for intelligent collaborative analytics［J］. IEEE Transactions on Pattern Analysis and Machine Intelligence, 2024, 46(7): 5174-5191.

［126］Sheng X, Li L, Liu D, et al. VNVC: a versatile neural video coding framework for efficient human machine vision［J］. IEEE Transactions on Pattern Analysis and Machine Intelligence, 2024, 46(7): 4579-4596.

［127］Ascenso J, Alshina E, Ebrahimi T. The JPEG AI standard: providing efficient human and machine visual data consumption［J］. IEEE Multimedia, 2023, 30(1): 100-111.

［128］Xu X, Cohen R, Vetro A, et al. Predictive coding of intra prediction modes for high efficiency video coding［C］. Picture Coidng Symposium, Krakow, Poland, 2012: 457-460.

［129］Nguyen T, Helle P, Winken M, et al. Transform coding techniques in HEVC［J］. IEEE

Journal of Selected Topics in Signal Processing, 2013, 7(6): 978 – 989.

[130] Gray R M, Neuhoff D L. Quantization[J]. IEEE Transactions on Information Theory, 1998, 44(6): 2325 – 2383.

[131] Marpe D, Schwarz H, Wiegand T. Context – based adaptive arithmetic coding in the H. 264/AVC video compression standard[J]. IEEE Transactions on Circuits and Systems for Video Technology, 2003, 13(7): 620 – 636.

[132] Kim L K, Min J, Lee T, et al. Block partitioning structure in the HEVC standard[J]. IEEE Transactions on Circuits and Systems for Video Technology, 2012, 22(12): 1697 – 1706.

[133] Liu S, Zhang X, Lei S. Rectangular partitioning for intra prediction in HEVC[C]. Visual Communications and Image Processing, San Diego, CA, USA, 2012: 1 – 6.

[134] Wang Y, Wei K. Brief analysis of inter prediction in video coding[C]. International Conference on Networking and Digital Society, Wenzhou, China, 2010: 605 – 608.

[135] Chen F D, Li H Q, Li L, et al. Block – composed background reference for high efficiency video coding[J]. IEEE Transactions on Circuits and Systems for Video Technology, 2016, 27(12): 2639 – 2651.

[136] Helle P, Oudin S, Bross B, et al. Block merging for quadtree – based partitioning in HEVC[J]. IEEE Transactions on Circuits and Systems for Video Technology, 2012, 22(12): 1720 – 1731.

[137] Kim L K, Zheeng X, Liu L, et al. Quadtree based nonsquare block structure for inter frame coding in high efficiency video coding[J]. IEEE Transactions on Circuits and Systems for Video Technology, 2012, 22(12): 1707 – 1719.

[138] Lainema J, Bossen F, Han W J, et al. Intra coding of the HEVC standard[J]. IEEE Transactions on Circuits and Systems for Video Technology, 2012, 22(12): 1792 – 1801.

[139] Zhu C, Lin X, Chau L. An enhanced hexagonal search algorithm for block motion estimation[C]. International Symposium on Circuits and Systems, Bangkok, Thailand, 2003: II – 392 – II – 395.

[140] Zhu C, Lin X, Chau L, et al. Enhanced hexagonal search for fast block motion estimation[J]. IEEE Transactions on Circuits and Systems for Video Technology, 2004, 14(10):

1210 – 1214.

[141] Girod B. Motion – compensating prediction with fractional – pel accuracy[J]. IEEE Transactions on Communications, 1993, 41(4): 604 – 612.

[142] Lin J, Chen Y, Tsai Y P, et al. Motion vector coding techniques for HEVC[C]. IEEE International Workshop on Multimedia Signal Processing, Hangzhou, China, 2011: 1 – 6.

[143] 周芸, 郭晓强, 王强. AVS2 视频编码关键技术[J]. 广播电视信息, 2015.

[144] Alshin A, Alshina E, Lee T. Bi – directional optical flow for improving motion compensation[C]. Picture Coding Symposium, Nagoya, Japan, 2010: 422 – 425.

[145] Sole J, Joshi R, Nguyen N, et al. Transform coefficient coding in HEVC[J]. IEEE Transactions on Circuits and Systems for Video Technology, 2012, 22(12): 1765 – 1777.

[146] Saxena A, Fernandes F C. On secondary transforms for prediction residual[C]. IEEE International Conference on Image Processing, Orlando, 2012: 2489 – 2492.

[147] Cover T M, Thomas J A. Elements of information theory[M]. Hoboken: Wiley – Interscience, 2006.

[148] Gish H, Pierce J. Asymptotically efficient quantization[J]. IEEE Transactions on Information Theory, 1968, 14(5): 676 – 683.

[149] Li B, Xu J, Zhang D, et al. QP refinement according to Lagrange multiplier for High Efficiency Video Coding[C]. IEEE International Symposium on Circuits and Systems, Beijing, China, 2013: 477 – 480.

[150] Li X, Oertel N, Hutter A, et al. Laplace distribution based Lagrange rate distortion optimization for hybrid video coding[J]. IEEE Transactions on Circuits and Systems for Video Technology, 2009, 19(2): 193 – 205.

[151] Lee B, Kim M. Modeling rates and distortions based on a mixture of Laplace distributions for inter – predicted residues ion quadtree coding of HEVC[J]. IEEE Signal Processing Letters, 2011, 18(10): 571 – 573.

[152] Li L, Li B, Li H, et al. λ domain optimal bit allocation algorithm for high efficiency video coding[J]. IEEE Transactions on Circuits and Systems for Video Technology, 2018, 28 (1): 130 – 142.

[153] Chiang T, Zhang Y. A new rate control scheme using quadratic rate distortion model[J] . IEEE Transactions on Circuits and Systems for Video Technology, 1997, 7(1): 246 −250.

[154] Ma S, Gao W, Lu Y, et al. Rate − distortion analysis for H. 264/AVC video coding and its application to rate control[J]. IEEE Transactions on Circuits and Systems for Video Technology, 2005, 15(12): 1533 −1544.

[155] Liu Y, Li Z, SOH Y C. Region − of − interest based resource allocation for conversational video communication of H. 264/AVC[J]. IEEE Transactions on Circuits and Systems for Video Technology, 2008, 18(1): 134 −139.

[156] Xu M, Deng X, Li S, et al. Region − of − interest based conversational HEVC coding with hierarchical perception model of face [J]. IEEE Journal of Selected Topics in Signal Processing, 2014, 8(3): 475 −489.

[157] Mai Z, Yang C, Kuang K, et al. A novel motion estimation method based on structural similarity for H. 264 inter prediction[C]. IEEE International Conference on Acoustics, Speech and Signal Processing, Toulouse, France, 2006: II −913 −II −916.

[158] Wang W, Cui H, Tang K, et al. Rate distortion optimized quantization for H. 264/AVC based on dynamic programming [C]. SPIE Conference on Visual Communications and Image Processing, Beijing, China, 2005: 596065 −1 −596065 −12.

[159] An C, Nguyen T Q. Iterative rate − distortion optimization of H. 264 with constant bit rate constraint[J]. IEEE Transactions on Image Processing, 2008, 17(9): 1605 −1615.

[160] Yang T, Zhu C, Fan X, et al. Source distortion temporal propagation model for motion compensated video coding optimization[C]. IEEE International Conference on Multimedia and Expo, Melbourne, Australia, 2012.

[161] Li S, Zhu C, Gao Y, et al. Lagrangian multiplier adaptation for rate − distortion optimization with inter − frame dependency [J]. IEEE Transactions on Circuits and Systems for Video Technology, 2016, 26(1): 117 −129.

[162] Gao Y, Zhu C, Li S, et al. Temporally dependent rate − distortion optimization for low − delay hierarchical video coding [J]. IEEE Transactions on Image Processing, 2017, 26 (9): 4457 −4470.

[163] Gao Y, Zhu C, Li S, et al. Source distortion temporal propagation analysis for random −

access hierarchical video coding optimization [J]. IEEE Transactions on Circuits and Systems for Video Technology, 2019, 29(2): 546 – 559.

[164] Guo H, Zhu C, Li S, et al. Optimal bit allocation at frame level for rate control in HEVC [J]. IEEE Transactions on Broadcasting, 65(2): 270 – 281.

[165] Zhao X, Chen J, Karczwica M, et al. Enhanced multiple transform for video coding[C]. Data Compression Conference, Snowbird, USA, 2016: 73 – 82.

[166] Chen J, Alshina E, Boyce J. JVET AHG report: JEM algorithm description editing[R]. Sandigo, USA, JVET, 2018.

[167] Bossen F, Boyce J, Suehring K, et al. JVET common test conditions and software reference configurations[R]. Ljubljana, SI, JVET, 2018.

[168] Bjontegaard G. Calculation of average PSNR differences between RD – curves[R]. Austin, TX, USA: VCEG, 2008.

[169] Adelson E H, Bergen R, James, et al. The plenoptic function and the elements of early vision[M]. Computational Models of Visual Processing, MIT Press, 1991.

[170] Isaksen A, Mcmillan L, Gortler S J. Dynamically reparameterized light field[C]. Annual Conference on Computer Graphics and Interactive Techniques, New York, USA, 2000: 297 – 306.

[171] Chen J, Chau L P. Light field compressed sensing over a disparity – aware dictionary[J]. IEEE Transactions on Circuits and Systems for Video Technology, 2017, 27(4): 855 – 865.

[172] Adelson E H, Wang J Y A. Single lens stereo with a plenoptic camera[J]. IEEE Transactions on Pattern Analysis and Machine Intelligence, 1992, 14(2): 99 – 106.

[173] Wilburn B, Joshi N, Vaish V, et al. High performance imaging using large camera arrays [J]. ACM Transactions on Graphics, 2005, 24(3): 765 – 776.

[174] Levin A, Fergus R, Durand F, et al. Image and depth from a conventional camera with a coded aperture[J]. ACM Transactions on Graphics, 2007, 26(3): 70 – 70.

[175] Liang C K, Lin T, Wong B, et al. Programmable aperture photography: multiplexed light field acquisition[J]. ACM Transactions on Graphics, 2008, 27(3): 55 – 55.

[176] Marwah K, Wetzstein G, Bando Y, et al. Compressive light field photography using overcomplete dictionaries and optimized projections[J]. ACM Transactions on Graphics,

2013, 32(4): 1-12.

[177] Ng R. Digital light field photography[D]. Stanford University, 2006: 23-24.

[178] Georgeiv T, Zheng K, Curless B, et al. Spatial - angular resolution tradeoffs in integral photography[C]. Eurographics Symposium on Rendering, Nicosia, Cyprus, 2006: 263 - 272.

[179] Georgiev T, Lumsdaine A. Focused plenoptic camera and rendering [J]. Journal of Electronic Imaging, 2010, 19(2): 1-11.

[180] Ren N, Levoy M, Bredif M, et al. Light field photography with a hand - held plenoptic camera[R]. Stanford University Computer Science Tech Report, 2005.

[181] Perwab C, Wietzke L. Single lens 3D - camera with extended depth - of - field[C]. SPIE Electronic Imaging, California, USA, 2012: 1-15.

[182] Agrawala M, Fatahalian K, Fedkiw R, et al. The Stanford light field archive[EB/OL]. http: //lightfield. stanford. edu/data/, July 16, 2017.

[183] Georgiev T. Gallery and light field data [EB/OL]. http: //www. tgeorgiev. net/ Gallery/, July 16, 2017.

[184] Rerabek M, Ebrahimi T. New light field image dataset[C]. International Conference on Quality of Multimedia Experience. Lisbon, Portugal, 2016: 1-2.

[185] Dansereau D. Light field toolbox v0. 4 [EB/OL]. http: //au. mathworks. com/ matlabcentral/fileexchange/49683 - light - field - toolbox - v0 - 4? requestedDomain = www. mathworks. com, July 25, 2019.

[186] Perra C, Giusto D, . JPEG 2000 compression of unfocused light field images based on lenslet array slicing[C]. IEEE International Conference on Consumer Electronics, Las Vegas, USA, 2017.

[187] Ohm J, Sullivan G J, Schwarz H, et al. Comparisons of the coding efficiency of video coding standards - including High Efficiency Video Coding (HEVC) [J]. IEEE Transactions on Circuits and Systems for Video Technology, 2012, 22 (12): 1669 - 1684.

[188] Wang Z, Bovik A C, Sheikh H R, et al. Image quality assessment: from error visibility to structure similarity[J]. IEEE Transactions on Image Processing, 2004, 13(4): 600-612.

[189] Powers D M W. Evaluation: from precision, recall and F-measure to ROC, informedness,

markedness & correlation[J]. Journal of Machine Learning Technologies, 2011, 2(1): 37 - 63.

[190] Dhome Y, Tronson N, Vacavant A, et al. A benchmark for background subtraction algorithms in monocular vision: a comparative study[C]. International Conference on Image Processing, Theory, Tools and Applications, Istanbul, Turkey, 2010: 66 - 71.

[191] Thirde D, Li L, Ferryman F. Overview of the PETS2006 challenge[C]. IEEE International Workshop on Performance Evaluation of Tracking and Surveillance, New York, USA, 2006: 47 - 50.

[192] Ferryman J, Shahrokni S. PETS2009: dataset and chanllenge[C]. IEEE International Workshop on Performance Evaluation of Tracking and Surveillance, Snowbird, UT, USA, 2009: 1 - 6.

[193] Lei B, Leonardis A, Schiele B. Robust object detection with interleaved categorization and segmentation[J]. International Journal of Computer Vision, 2008, 77(1): 259 - 289.

[194] Fisher R, Victor J S, Crowley J. CAVIAR: Context aware vision using image - based active recognition[EB/OL]. http://www. dai. ed. ac. uk/homes/rbf/CAVIAR/, July 16, 2017.

[195] Milan A, Leal - Taixe L, Reid I, et al. MOT16: A benchmark for multi - object tracking [EB/OL]. https://motchallenge. net/data/MOT16/, October 10, 2019.

[196] Redmon J, Divvala S, Girshick R, et al. You only look once: Unified, real - time object detection[C]. IEEE Conference on Computer Vision and Pattern Recognition, Las Vegas, USA, 2010: 779 - 788.

[197] 宋锐, 李礼, 李厚强. 基于拉格朗日乘子的 QP 修正技术[S]. AVS - M3498: 视频提案, 南京, 中国, 第 50 届 AVS 会议, 2014 年 9 月.

[198] 徐丽英, 朱策, 高艳博, 等. RA 编码结构下 Sub - GOP 量化参数偏移调节方法[S]. AVS - M3694: 视频提案, 昆明, 中国, 第 53 届 AVS 会议, 2015 年 6 月.

[199] Gao Y B, Zhu C, Li S, et al. Layer - based temporal dependent rate - distortion optimization in Random - Access hierarchical video coding[C]. 2016 IEEE 18th International Workshop on Multimedia Signal Processing (MMSP), Montreal, 2016: 1 - 6.

[200] 郑萧桢. AVS - P2 通用测试条件[S]. 视频提案, 深圳, 中国, 第 47 届 AVS 会议, 2014 年 1 月.